Photoshop CC
图像创意设计基础教程

杜冬梅 王夕勇 编著

电子工业出版社

Publishing House of Electronics Industry

北京·BEIJING

内 容 简 介

本书以实例方式详细介绍 Photoshop CC 的基础知识、操作方法与应用技巧。全书共 12 章，前 11 章内容包括 Photoshop 基础知识与基本操作、图像处理的基本操作、图像选区、绘画与图像修饰、色彩调整、图层、蒙版与通道、文字与矢量工具、滤镜、3D 功能、动作自动化与视频动画，并且每章最后都安排了一个综合案例，第 12 章是一个大型综合案例。这些案例来自于实际工作场景，并结合了实际工作流程，以锻炼读者的动手操作能力。

本书可作为高等院校数字媒体、平面设计、艺术设计、产品设计、印刷与包装等相关专业图像处理课程的教材，也可供对 Photoshop 感兴趣的人员参考阅读。

未经许可，不得以任何方式复制或抄袭本书之部分或全部内容。
版权所有，侵权必究。

图书在版编目（CIP）数据

Photoshop CC 图像创意设计基础教程 / 杜冬梅，王夕勇编著 . —北京：电子工业出版社，2020.1

ISBN 978-7-121-37306-0

Ⅰ . ① P… Ⅱ . ①杜… ②王… Ⅲ . ①图象处理软件 – 教材 Ⅳ . ① TP391.413

中国版本图书馆 CIP 数据核字（2019）第 183491 号

责任编辑：章海涛
文字编辑：张　鑫
印　　刷：中国电影出版社印刷厂
装　　订：中国电影出版社印刷厂
出版发行：电子工业出版社
　　　　　北京市海淀区万寿路 173 信箱　　邮编：100036
开　　本：787×1092　1/16　　印张：19　字数：487 千字
版　　次：2020 年 1 月第 1 版
印　　次：2021 年 10 月第 3 次印刷
定　　价：88.00 元

凡所购买电子工业出版社图书有缺损问题，请向购买书店调换。若书店售缺，请与本社发行部联系，联系及邮购电话：（010）88254888，88258888。

质量投诉请发邮件至 zlts@phei.com.cn，盗版侵权举报请发邮件至 dbqq@phei.com.cn。

本书咨询联系方式：192910558（QQ 群）。

    Photoshop 是 Adobe 公司平面设计"三剑客"中的一员，是知名的图像处理软件之一，主要用于处理由像素构成的数字图像。Photoshop 应用领域广泛，在图像、图形、文字、视频等领域均有涉及，在当下热门的淘宝网店美工、平面广告、出版印刷、UI 设计、网页制作、包装设计、书籍装帧、动画制作等领域也有着十分重要的地位。使用 Photoshop 不但能帮助设计师高效、快捷、精确地完成工作，还可以帮助摄影爱好者修饰和完善拍摄的数码照片，因此深受广大用户的喜爱。

    面对目前图像处理课程课时有限的现状，教师在教学中可能会遇到这样的情况，侧重讲解知识点就没有足够的时间进行实践操作练习，或者加强软件实践操作练习就不能详细介绍知识点。这样会导致学生在学习过程中知识点和实践不能有效结合，即学而不知如何用。本书详细介绍了 Photoshop 基础又实用的专业知识、操作命令使用方法，采用了"知识点＋综合案例"的写作模式，前 11 章都将所讲解的知识点与各章末的综合案例相结合，并增加了制作案例的知识要点提示，理论与实践兼顾，做到"学以致用"，每章最后还安排了习题，以巩固所学。第 12 章是一个大型综合案例，演练综合运用 Photoshop 常用的知识点。这些案例来自于实际工作场景，并结合了实际工作流程，用于锻炼读者的动手操作能力。

    为了使本书读者能扎实地掌握 Photoshop 基础知识并学为所用，我们在编写过程中秉承如下原则。

    （1）通俗易懂，循序渐进。本书注重软件操作命令与各种常用工具使用方法的讲解，以学习软件基本操作和图像编辑命令为主，又增加了各行业中相关案例的制作过程，章节结构规划合理，内容全面，案例制作过程的讲解精练。

    （2）实用为主，实践导向。本书从基础知识着手，从实际应用出发，精选了证件照、手机 APP 图标、人物照片、胶片效果图像、购物网站产品主图、婚纱照片处理、美食 APP 页面等多个案例，均来自于实际工作应用。通过对这些案例的学习，可以了解真实的工作流程及掌握应用 Photoshop 解决实际问题的能力。

    本书由杜冬梅、王夕勇、和超超共同编写完成。其中，杜冬梅编写了第 1～3、5、7、9 章，王夕勇编写了第 4、6、8、10 章，和超超编写了第 11、12 章并审阅了全部书稿。

　　本书可作为高等院校数字媒体、平面设计、艺术设计、产品设计、印刷与包装等相关专业图像处理课程的教材，也可供对 Photoshop 感兴趣的人员参考阅读。

　　为了方便教师教学和学生使用，本书配备了教学资源，包括案例素材与电子课件等，可从华信教育资源网（http://www.hxedu.com.cn）下载。

　　由于作者水平有限，加之编写时间仓促，书中难免出现错误与不足之处，欢迎读者批评指正。

编者

2019 年 6 月

目录 CONTENTS

第3章　图像选区 049

第 10 章　3D 功能................253

第 11 章　动作自动化与视频动画................271

第 12 章　综合案例—— 美食 APP 页面设计与制作........283

第 1 章

Photoshop 基础知识与基本操作

Photoshop 是一款功能强大的图像处理软件，能够适用于不同领域的工作，主要处理由像素构成的数字图像。使用 Photoshop 众多的编辑与绘图工具，可以有效地进行图像处理工作，主要应用在图像、图形、文字、视频、出版等领域。本章主要介绍 Photoshop 的基础知识与基本操作。

本章学习要点

- 理解和掌握 Photoshop 中涉及的图像知识
- 掌握 Photoshop 的基本设置、工作区设置与辅助工具的使用

1.1 基本概念

1.1.1 像素

在 Photoshop 中，像素是组成图像最基本的单元，它是一个小正方形的颜色方块，一个图像通常由很多像素组成，这些像素通常排成横行或者纵列，每个像素都是正方形的。当使用缩放工具将图像放大到足够大时，就可以看到类似马赛克的效果，其中的每个小方块就是一个像素，每个像素都有不同的颜色数值，在图像单位面积内的像素越多，图像分辨率越高，图像的显示效果越好。图 1-1 所示为原图和放大后的类似马赛克的效果对比。

图 1-1

1.1.2 图像分辨率

图像分辨率是指在每英寸图像中包含的像素数量，单位是像素 / 英寸（ppi）。如果图像分辨率是 72 像素 / 英寸，就说明在每英寸图像中包含 72 个像素。图像的分辨率越高，每英寸图像中包含的像素越多，同时图像的质量越高，图像越清晰，图像中的细节越丰富，颜色的过渡越平滑。

图像分辨率的大小和图像尺寸的大小有着密不可分的关系。图像的分辨率越高，图像的质量越高，图像中包含的像素越多，因此图像的尺寸越大。图像的尺寸越大，图像中存储的信息越多，因此文件也越大。下面是商业设计中所要求达到的图像分辨率的说明。

- 普通画册的图像分辨率通常是 300 ～ 350 像素 / 英寸。
- 高档画册的图像分辨率通常能达到 400 像素 / 英寸。
- 彩色杂志的图像分辨率通常是 300 像素 / 英寸。
- 时尚类杂志对图像的要求相对较高，通常是 350 像素 / 英寸。
- 报纸的图像分辨率通常是 80 ～ 150 像素 / 英寸。
- 喷绘写真的图像分辨率通常是 72 ～ 120 像素 / 英寸。
- 网络传播的图像分辨率通常是 72 像素 / 英寸或 96 像素 / 英寸。

1.1.3　颜色模式

在使用 Photoshop 前，了解颜色模式的概念是非常重要的。下面介绍位图颜色模式、灰度颜色模式、双色调颜色模式、RGB 颜色模式、CMYK 颜色模式、Lab 颜色模式和索引颜色模式。

1. 位图颜色模式

位图颜色模式的图像中只有白色和黑色两种像素，不包含其他颜色的像素。在 Photoshop 中，只有双色调颜色模式和灰度颜色模式才能转换成位图颜色模式；如果要将其他颜色模式转换成位图颜色模式，需先去掉图像中其他颜色的信息，转换成灰度图像才可以。

在位图颜色模式下，所有与色调有关的工具和命令都不能使用，所有的滤镜也都不能使用，只有一个被命名的通道和背景图层可以使用。

2. 灰度颜色模式

灰度颜色模式通常是在 8 位图像中，最多有 256 级灰度。灰度图像中的每个像素都有一个 0（黑色）～ 255（白色）之间的亮度值。在 16 位和 32 位图像中，图像中的级数比 8 位图像要大得多。在 Photoshop 中，任何图像都能转换成灰度颜色模式，但是图像中所有的彩色信息都将丢失。在灰度颜色模式下，大部分工具和滤镜都是可以使用的。灰度颜色模式下的图像可以包含多个图层和通道，其中含有一个原始的黑色通道。

3. 双色调颜色模式

在 Photoshop 中，双色调颜色模式不是一个单独的图像颜色模式，它像一个目录，共包含 4 种不同的图像颜色模式，分别是单色调颜色模式、双色调颜色模式、三色调颜色模式和四色调颜色模式。通常情况下双色调颜色模式包含黑色和另外一种专色，使用双色调颜色模式能使整个图像的色调变得更加丰富。

4. RGB 颜色模式

Photoshop 中的 RGB 颜色模式使用 RGB 模型，并为每个像素分配一个强度值。在 8 位 / 通道图像中，彩色图像中的 RGB 每个（红色、绿色、蓝色）分量的强度值范围为 0（黑色）～ 255（白色）。例如，亮红色使用 R 值 246、G 值 20 和 B 值 50。当所有这 3 个分量的值相等时，结果是中性灰度级；当所有分量的值都为 255 时，结果是纯白色；当都为 0 时，结果是纯黑色。

RGB 图像使用 3 种颜色或通道在屏幕上重现颜色。在 8 位 / 通道的图像中，这 3 个通道将每个像素转换为 24 位（8 位 / 通道 ×3 通道）颜色信息。对于 24 位图像，这 3 个通道最多可以重现 1670 万种颜色。对于 48 位（16 位 / 通道 ×3 通道）和 96 位（32 位 / 通道 ×3 通道）图像，每个像素可重现更多的颜色。新建 Photoshop 图像的默认 ×3 通道模式为 RGB，计算机显示器使用 RGB 模型显示颜色。这意味着在使用非 RGB 颜色模式（如 CMYK 颜色模式）时，Photoshop 会将 CMYK 图像转换为 RGB 图像，以便在屏幕上显示。

> **🛈 提示**
>
> 尽管 RGB 颜色模式是标准颜色模式，但是所表示的实际颜色范围仍因应用程序或显示设备而异。Photoshop 中的 RGB 颜色模式会根据用户在"颜色设置"对话框中指定的工作空间设置而改变。

5. CMYK 颜色模式

CMYK 颜色模式常用于印刷和打印的各种文件处理及相关的工作。在 CMYK 颜色模式下，可以为每个像素的每种印刷油墨指定一个百分比值。为最亮（高光）颜色指定的印刷油墨颜色百分比值较低；而为较暗（阴影）颜色指定的百分比值较高。例如，亮红色可能包含 2% 青色、93% 洋红（品红）、90% 黄色和 0% 黑色。在 CMYK 图像中，当 4 种分量的值均为 0% 时，会产生纯白色。

在制作要用印刷色打印的图像时，应使用 CMYK 颜色模式。注意，将 RGB 图像转换为 CMYK 图像会产生分色。若从 RGB 图像开始设计，则最好先在 RGB 颜色模式下编辑，在编辑结束时再转换为 CMYK 图像。

6. Lab 颜色模式

Lab 颜色模式基于人对颜色的感觉。Lab 颜色模式中的数值描述了正常视力的人能够看到的所有颜色。因为 Lab 颜色模式描述的是颜色的显示方式，而不是设备（如显示器、打印机或数码相机）生成颜色所需的特定色料的数量，所以 Lab 颜色模式被视为与设备无关的颜色模型。色彩管理系统使用 Lab 颜色模式作为色标，将颜色从一个色彩空间转换到另一个色彩空间。

Lab 颜色模式的亮度分量（L）范围是 0 ～ 100。在 Adobe 拾色器和【颜色】面板中，a 分量（绿色 - 红色轴）和 b 分量（蓝色 - 黄色轴）的范围是 -128 ～ +127。

7. 索引颜色模式

索引颜色模式可生成最多 256 种颜色的 8 位图像。当转换为索引颜色模式时，Photoshop 将构建一个颜色查找表（CLUT），用来存放并索引图像中的颜色。若原图像中的某种颜色没有出现在该表中，则程序将选取最接近的一种颜色，或使用仿色以现有颜色来模拟该颜色。

1.1.4 **矢量图**

矢量图利用 Illustrator、Animation 等软件制作，由一些数学方式描述的曲线组成，其组成的最基本元素是锚点和路径。矢量图最大的特点是无论放大或缩小多少倍，其边缘都是平滑的，不会产生马赛克的效果。矢量图可以随时缩放，其效果都一样清晰，如图 1-2 所示。

图 1-2

1.1.5 位图

位图又称为点阵图像或绘制图像，是由称为像素（图像元素）的单个点组成的。这些点可以进行不同的排列和染色以构成图样。当放大位图时，可以看见构成整个图像的无数单个方块。扩大位图尺寸的效果是增大单个像素，从而使线条和形状显得参差不齐。然而，如果从稍远的位置观看，位图的颜色和形状又显得是连续的。位图与矢量图最大的区别是，当图像放大到一定程度时，位图会失真并出现马赛克效果，但矢量图不会失真。

1.2 工作界面

Photoshop CC 的工作界面相较以往版本有了新的改进，使整个工作界面的布局更加合理，且能更快地显示各类面板，操作更加方便。

1.2.1 工作界面组件

Photoshop CC 的工作界面包含程序栏、工具箱、工具选项栏、菜单栏、状态栏、文档编辑窗口和面板等组件，如图 1-3 所示。

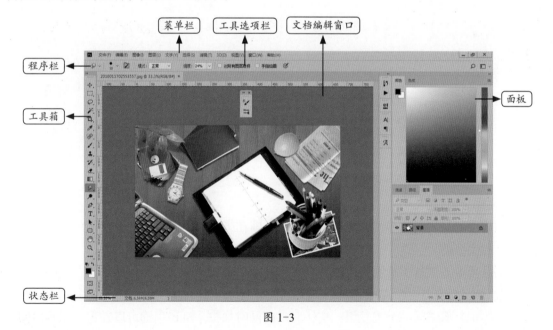

图 1-3

1.2.2 工具箱

在 Photoshop CC 中，工具箱中工具的种类与数量相较以往版本有所增加，操作更加方便、快捷，如图 1-4 所示。本节介绍工具箱中大部分工具的使用方法，其中常用的工具将在后续章节中详细介绍。

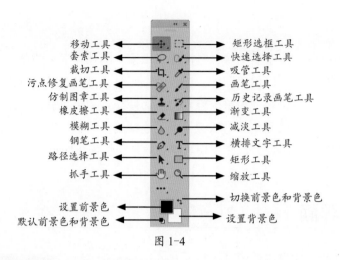

移动工具 ← 矩形选框工具
套索工具 ← 快速选择工具
裁切工具 ← 吸管工具
污点修复画笔工具 ← 画笔工具
仿制图章工具 ← 历史记录画笔工具
橡皮擦工具 ← 渐变工具
模糊工具 ← 减淡工具
钢笔工具 ← 横排文字工具
路径选择工具 ← 矩形工具
抓手工具 ← 缩放工具
设置前景色 ← 切换前景色和背景色
默认前景色和背景色 ← 设置背景色

图 1-4

1. 折叠与展开工具箱

Photoshop CC 的工具箱能够非常灵活地伸缩，使操作界面更加快捷。用户可以根据操作需要将工具箱改为单栏显示或双栏显示。位于工具箱最上方的区域称为伸缩栏，其左侧的双三角形用于对工具箱的伸缩功能进行控制，如图 1-5、图 1-6 所示。

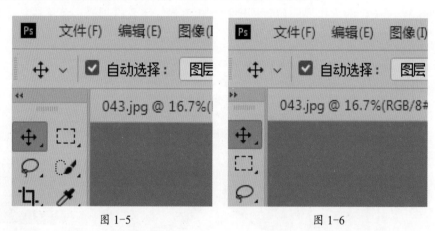

图 1-5

图 1-6

2. 选择工具

工具箱中的每一类工具都有两种选择方法，即在工具箱中直接单击要使用的工具或者按相应工具的快捷键。

在工具箱中，多数工具的快捷键是当完全显示工具时工具名称右侧的字母。例如，【魔棒工具】右侧的字母是 "W"，表示按【W】键可以激活此工具。若不同的工具有同一个快捷键，则表明这些工具属于同一个工具组，按快捷键的同时加按【Shift】键可以在这些工具之间进行切换。

> ⓘ 提示
>
> 使用工具的快捷键激活工具时，输入法必须在英文半角输入法的状态。中文输入法状态不能激活工具箱中的工具。

1.2.3　工具选项栏

工具选项栏用来设置工具选项，在工具选项栏中，不同的工具对应不同选项。图 1-7 所示为【矩形选框工具】所对应的工具选项栏。

图 1-7

1．隐藏和显示工具选项栏

执行【窗口】>【选项】命令，可以隐藏或者显示工具选项栏。

2．创建工具预设

在工具选项栏中，单击工具图标右侧的下三角按钮 打开一个下拉面板，可以在这里设置画笔的预设，如图 1-8 所示。单击工具预设下拉面板中的 按钮，可以在当前工具选项的基础上新建一个工具预设，如图 1-9 所示。

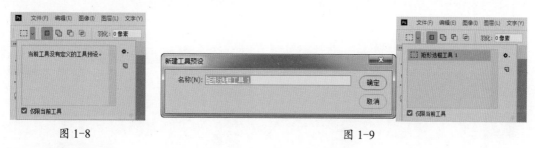

图 1-8　　　　　　　　　　　　　　　　　　图 1-9

3．删除工具预设

清除工具预设的方法是单击工具预设下拉面板右上角的 按钮，在弹出的快捷菜单中执行【删除工具预设】命令，如图 1-10 所示。

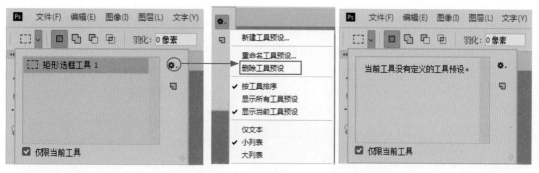

图 1-10

1.2.4　菜单栏

Photoshop CC 的菜单栏包括【文件】、【编辑】、【图像】、【图层】、【选择】、【滤镜】、【3D】、【视图】、【窗口】和【帮助】菜单，每个菜单还包含很多的子菜单和命令。菜单栏复杂庞大，看起来令人眼花缭乱，但实际上经常用到的只有其中几种。用户只需掌握常用的命令即可，菜单栏中的各级子菜单和命令将会在后续章节中详细讲解。

1.2.5 面板

在 Photoshop CC 工作过程中不可能同时使用所有的面板（也称为调板）。通过对面板的隐藏与显示，可实现对面板的管理。这样一方面便于在众多的面板中快速找到所需要的面板；另一方面也能最大限度地显示图像，有利于图像的处理操作。

在 Photoshop CC 的面板中，最常用的面板是【图层】、【路径】、【通道】、【颜色】、【色板】和【历史记录】。

1. 显示和隐藏面板

在【窗口】菜单中选择相应的命令可隐藏面板，再次选择此命令可显示面板。例如，选择【窗口】>【图层】命令会隐藏【图层】面板，如图 1-11 所示；再次选择【窗口】>【图层】命令会显示【图层】面板，如图 1-12 所示。

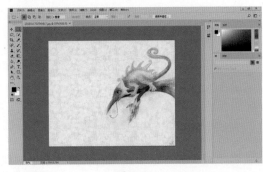

图 1-11   图 1-12

2. 组合和拆分面板

在 Photoshop CC 中，可以将面板任意组合和拆分。例如，可以将 2 个或 3 个面板组合在一个面板组中，也可以将一个面板组中的面板拆分成单独的面板。

例如，单击面板组中的【图层】选项，按住鼠标左键将其向外拖曳出面板组，如图 1-13 所示；松开鼠标左键，则该面板成为一个独立的面板，如图 1-14 所示。

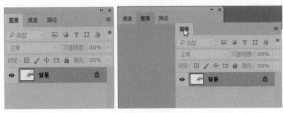

图 1-13   图 1-14

3. 面板快捷菜单

在面板的右上角有一个 ▤ 按钮，单击该按钮弹出此面板的快捷菜单。图 1-15 所示为【图层】面板的快捷菜单。在面板快捷菜单中的命令也是经常使用的。

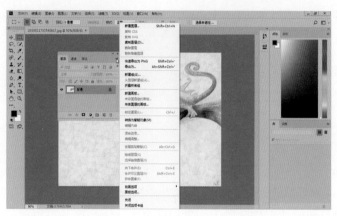

图 1-15

1.3　工作区

Photoshop CC 提供了保存工作界面的功能。使用此功能，用户可以按照自己的使用习惯设置工作界面，并且能将工作界面保存为自定义工作界面，即自定义工作区。可以使用保存的自定义工作区，或对使用过的工作区进行复位，还原到自定义工作区状态。

1.3.1　使用预置工作区

执行【窗口】>【工作区】命令，可以在【工作区】子菜单中选择要使用的工作区，或者通过选择程序栏右侧的工作区命令来设置工作区，如图 1-16 所示。

图 1-16

1.3.2　新建工作区

用户可以根据自己的使用习惯设置新的工作区，以更加方便、快捷地操作软件，如

图 1-17 所示。

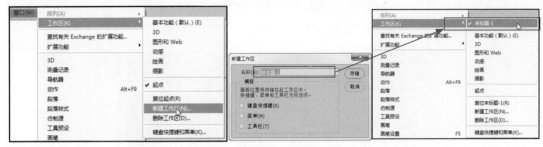

图 1-17

1.3.3 删除工作区

删除系统默认的和自定义的工作区，方法是执行【窗口】>【工作区】>【删除工作区】命令。在删除系统默认工作区后，如果想恢复默认工作区，可以执行【编辑】>【首选项】>【界面】命令，在弹出的对话框中单击【恢复默认工作区】按钮，以恢复系统默认工作区。

1.3.4 自定义键盘快捷键

执行【编辑】>【键盘快捷键】命令，可以修改 Photoshop 中设置的默认快捷键，将功能对应的快捷键设成自己习惯使用的快捷键，如图 1-18 所示。

修改前　　　　　　　　　　　　　　　　　修改后

图 1-18

1.4 辅助工具

在 Photoshop 中，标尺、参考线、网格、对齐等都属于辅助工具，能够帮助用户更方便、准确地完成对图像的选择、定位等操作，辅助完成对图像的编辑操作。

1.4.1　标尺

标尺用于对操作对象进行测量。使用标尺不仅可以测量对象的大小，还可以从标尺上拖曳出参考线，以获取图像的边缘。

1. 显示和隐藏标尺

执行【视图】>【标尺】命令，可以在工作的任何时候显示或隐藏标尺。也可以使用【Ctrl+R】组合键显示或隐藏标尺，如图 1-19 所示。

图 1-19

2. 改变单位与标尺

若工作需要，可以执行【编辑】>【首选项】>【单位与标尺】命令，在弹出的【首选项】对话框中设定标尺的单位，如图 1-20 所示。

改变当前文件标尺单位最快捷的方法是右键单击文件标尺，在弹出的如图 1-20 右图所示的快捷菜单中，选择所需要的单位以改变标尺的单位。

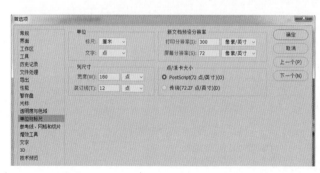

图 1-20

1.4.2　参考线

参考线分为水平参考线和垂直参考线，能够帮助用户对齐图像并准确放置图像。根据需要可以在窗口中放置任意数量的参考线。参考线在文件打印输出时是不会被打印出来的。

1. 创建参考线

如果在图像中创建参考线，首先需要创建标尺，然后将光标置于标尺上，按住鼠标左键向图像内部拖曳，即可创建参考线。或者执行【视图】>【新建参考线】命令创建参考线，如图 1-21 所示。

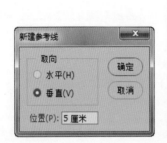

图 1-21

执行【编辑】>【首选项】>【参考线、网格和切片】命令，可以改变参考线的颜色和样式，对参考线进行相应的修改，如图 1-22 所示。

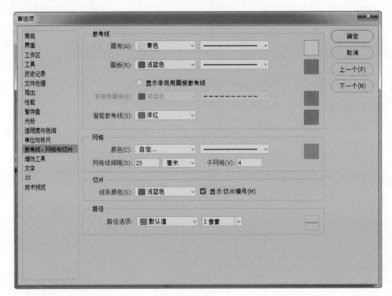

图 1-22

2. 显示和隐藏参考线

执行【视图】>【显示】>【参考线】命令，可以显示参考线；再次执行【视图】>【显示】>【参考线】命令，则可以隐藏参考线。

3. 锁定和解锁参考线

执行【视图】>【锁定参考线】命令，可以锁定参考线，即当前工作页面中的所有参考线都会被锁定，防止在操作时移动参考线的位置；再次执行【视图】>【锁定参考线】命令，可以解锁参考线。

4. 清除参考线

在未锁定参考线的状态下，如果要清除参考线，可以使用【移动工具】将其拖曳回标

尺上，即可清除；如果要清除图像中的所有参考线，可以执行【视图】>【清除参考线】
命令。

1.4.3 网格

网格比参考线能更精确地对齐图像与放置图像。

1. 显示和隐藏网格

执行【视图】>【显示】>【网格】命令，可以显示网格；再次执行【视图】>【显示】>【网格】命令，可以隐藏网格，如图 1-23 所示。

图 1-23

2. 对齐网格

执行【视图】>【对齐到】>【网格】命令，在进行创建选区或移动图像等操作时，对象会自动对齐到网格上。在 Photoshop CC 默认状态下，该命令处于激活状态。

1.4.4 对齐

对齐功能有助于用户准确地放置选区、裁剪边框、切片及绘制路径和形状。先执行【视图】>【对齐】命令使该命令处于勾选状态，再执行【视图】>【对齐到】命令，在其子菜单下选择要对齐的内容，如图 1-24 所示。

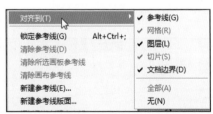

图 1-24

【参考线】：使对象与参考线对齐。

【网格】：使对象与网格对齐，在网格被隐藏时，不能使用该命令。

【图层】：使对象与图层中的内容对齐。

【切片】：使对象与切片的边界对齐，在切片被隐藏时不能使用该命令。

【文档边界】：使对象与文档的边缘对齐。

【全部】：对齐到参考线、网格、图层、切片和文档边界全部选项。

【无】：取消所有的【对齐到】选项。

1.4.5 显示与隐藏额外内容

参考线、网格、选区边缘、切片和文本基线都是帮助用户选择、移动或编辑对象的非打印的额外内容的示例。可以启用或禁用任何额外内容的组合而不影响图像，还可以显示或隐藏已启用的额外内容以清理工作区。

- 要显示或隐藏所有已启用的额外内容，可执行【视图】>【显示额外内容】命令。【显示】子菜单中已启用的额外内容旁边都会出现一个选中标记。
- 要启用并显示单个额外内容，可执行【视图】>【显示】命令，然后从子菜单中选择额外内容。
- 要启用并显示所有可用的额外内容，可执行【视图】>【显示】>【全部】命令。
- 要禁用并隐藏所有额外内容，可执行【视图】>【显示】>【无】命令。

要启用或禁用额外内容组，可执行【视图】>【显示】>【显示额外选项】命令。

1.5 首选项设置

Photoshop 的首选项包括常规、界面、文件处理、性能、暂存盘、光标、透明度与色域、单位与标尺、参考线、网格和切片，以及增效工具和文字等。其中大多数选项都是在【首选项】对话框中设置的。每次退出应用程序时都会存储首选项设置。

1.5.1 常规

执行【编辑】>【首选项】>【常规】命令，弹出【首选项】对话框，如图 1-25 所示。左侧列表框中是各个首选项的名称，可以通过单击右侧的【上一个】或【下一个】按钮来切换相关的设置内容；中间设置界面中是对应的选项。

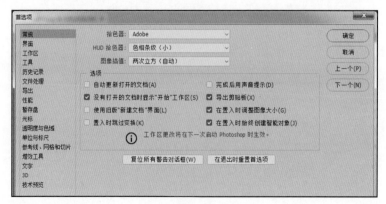

图 1-25

【拾色器】：选择 Adobe 拾色器或 Windows 拾色器。Adobe 拾色器可以使用 4 种颜色模式选取颜色：HSB、RGB、Lab 和 CMYK。使用 Adobe 拾色器可以设置前景色、背景色和文本颜色。也可以为不同的工具、命令和选项设置目标颜色，如图 1-26 所示。Windows 拾色器仅涉及基本的颜色，允许根据两种颜色模式选择需要的颜色，如图 1-27 所示。

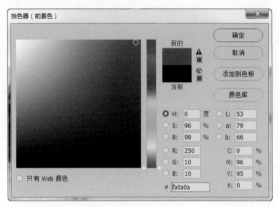
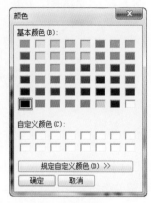

图 1-26　　　　　　　　　　　　　　　图 1-27

【图像插值】：在改变图像大小的时候，Photoshop 会遵循一定的图像插值方法来删除或增加像素。选择【邻近】选项，表示用一种低精度的方法生成像素，速度快但容易产生锯齿；选择【两次线性】选项，表示用一种平均周围像素颜色值的方法生成像素，可以生成中等质量的图像；选择【两次立方（自动）】选项，表示用一种将周围像素值分析作为依据的方法生成像素，速度比较慢，但是精确度高。

【导出剪贴板】：在关闭 Photoshop 时，复制到剪贴板中的内容，可以被其程序使用。

【在置入时调整图像大小】：粘贴或置入图像时，系统会基于当前文件的大小而自动对图像大小进行调整。

【使用旧版"新建文档"界面】：勾选该复选框时，新建文件的窗口将恢复到以前状态。

【复位所有警告对话框】：重新显示已经取消显示的警告对话框。

其他设置可以采用默认设置。

1.5.2　界面

在【首选项】对话框中切换到【界面】设置界面，如图 1-28 所示。

【标准屏幕模式】/【全屏（带菜单）】/【全屏】：设置这 3 种屏幕的颜色和边界效果。

【用彩色显示通道】：通道的颜色为彩色。

【显示菜单颜色】：显示选中菜单的颜色。

【文本】：可以设置用户界面语言和字体大小，修改后需要重新启动 Photoshop 才能生效。

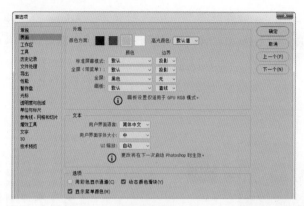

图 1-28

1.5.3 性能

在【首选项】对话框中切换到【性能】设置界面，如图 1-29 所示。

图 1-29

【内存使用情况】：显示计算机内存使用情况，可以在文本框中输入数值来调整 Photoshop 的内存使用量，修改后需要重新启动 Photoshop 才能生效。

【历史记录与高速缓存】：设置可以保留的历史记录的数量，以及高速缓存的级别。

【图形处理器设置】：显示计算机的显卡是否含有 OpenGL。启用 OpenGL 后，在处理大型或者复杂的图像时可以加快速度。

1.5.4 暂存盘

【暂存盘】：当系统没有足够的内存来执行某个操作时，Photoshop 会使用一种虚拟内存技术，即暂存盘。暂存盘是任何具有空闲内存的驱动器或者驱动器分区。在【暂存盘】设置界面中，也可以把暂存盘修改到其他驱动器上。

> **ℹ 提示**
>
> 为了保证计算机驱动器 C 中基本的文件存储和运行空间，在设置暂存盘时，需避免将驱动器 C（系统盘）设置为暂存盘，以防止出现暂存盘空间已满现象；可以将暂存盘设置为其他剩余空间比较大的驱动器或驱动器分区，如图 1-30 所示。

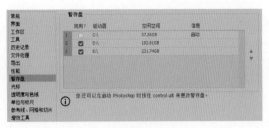

图 1-30

1.5.5　透明度与色域

在【首选项】对话框中切换到【透明度与色域】设置界面，如图 1-31 所示。

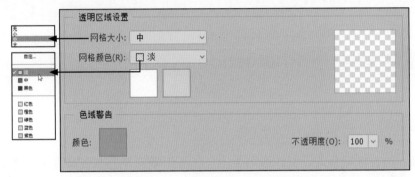

图 1-31

【透明区域设置】：当图像中的背景为透明区域时，显示为棋盘格形状，可以通过该选项修改棋盘格的效果。

【色域警告】：显示图像中的溢色，系统默认为灰色，可以单击【颜色】后的色块，在弹出的对话框中选择其他颜色来显示图像中的溢色。

ⓘ 提示

色域警告中的溢色是指无法被正常打印的颜色。

1.5.6　单位与标尺

在【首选项】对话框中切换到【单位与标尺】设置界面，如图 1-32 所示。

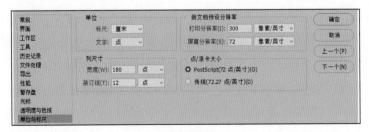

图 1-32

【单位】：设置标尺的单位和文字的单位。

【列尺寸】：设置导入 InDesign 排版的图像宽度和装订线尺寸。

【新文档预设分辨率】：设置新建文档的打印分辨率和屏幕分辨率。

【点 / 派卡大小】：设置每英寸的点数。

1.5.7 参考线、网格和切片

在【首选项】对话框中切换到【参考线、网格和切片】设置界面，如图 1-33 所示。该设置界面用来设置参考线、智能参考线、网格和切片的颜色和路径，便于在 Photoshop 中加以区分。

图 1-33

1.6 综合案例——Photoshop 的软件优化设置

学习目的

Photoshop 的首选项参数设置，决定了用户在工作中能否更加有效地使用 Photoshop，以提高工作效率，创造更多的效益。本案例主要学习 Photoshop 的软件优化设置，包括设置软件的历史记录、暂存盘和辅助工具等。

知识要点提示

- ♦ Photoshop 的首选项常规选项。
- ♦ 性能选项、单位与标尺选项、透明度选项。
- ♦ 暂存盘选项。

操作步骤

01 打开 Photoshop CC 软件，执行【编辑】>【首选项】>【常规】命令，弹出【首选项】对话框，进入【常规】设置界面，在【拾色器】下拉列表中选择【Adobe】选项，在【图像插值】下拉列表中选择【两次立方（适用于平滑渐变）】选项，如图 1-34 所示；然后切换到【历史记录】设置界面，在【将记录项目存储到】选项组中选择【元数据】单选按钮，其他采用默认设置。

02 切换到【性能】设置界面，在【内存使用情况】选项组中，根据 Photoshop 提供的合理使用内存范围设置内存大小；设置完成后，在【历史记录与高速缓存】选项组中设置【历史记录状态】为"200"，为了保证在编辑图像文件时有足够的还原空间，通常将历史记录状态的数量设置在 200～300 范围内，其他采用默认设置，如图 1-35 所示。

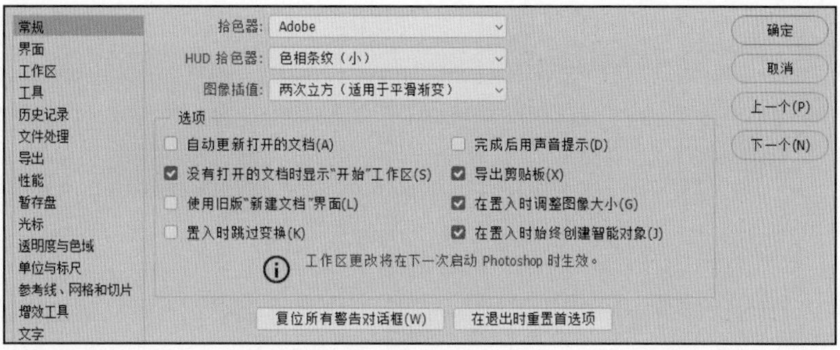

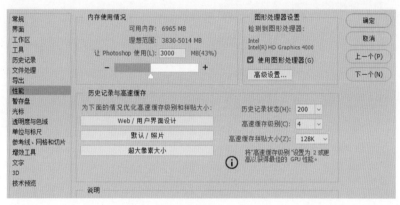

图 1-34

图 1-35

03 设置完成后，切换到【暂存盘】设置界面，根据计算机驱动器的剩余空间，选择剩余空间较大的驱动器，驱动器 C 为系统盘，一般不选，如图 1-36 所示。

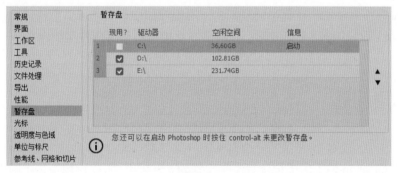

图 1-36

04 在【首选项】对话框的【参考线、网格和切片】设置界面中，通常都采用默认设置，一般情况下不更改。

05 在【透明度与色域】设置界面中，通常会修改【色域警告】选项组中的默认颜色为警示性比较强的颜色，如红色、黄色等相对鲜亮的颜色。单击【颜色】后的色块，在弹出的【拾色器（色域警告颜色）】对话框中选择要修改的颜色，单击【确定】按钮，完成色域警告颜色的修改，如图 1-37 所示。

图 1-37

06 在【单位与标尺】设置界面中，设置【标尺】的尺寸为"毫米"，其他采用默认设置，如图 1-38 所示。设置完成后，单击【确定】按钮，退出【首选项】对话框。重新启动 Photoshop 软件后，【首选项】对话框中的参数设置才会生效。

图 1-38

1.7 本章小结

本章主要介绍 Photoshop 的基础知识与基础操作，帮助用户进一步了解 Photoshop，并且掌握软件界面中各类命令的分布，同时学会使用各种辅助工具并进行软件优化设置，能够帮助用户在以后的操作中提高工作效率，并准确高效地编辑和处理各类图像。

1.8 本章习题

操作题

（1）将 Photoshop 的【历史记录状态】设置为"300"，将【色域警告】的颜色值设置为255/255/0，创建两条横向任意参考线。

> **重点难点提示**
>
> 在使用拖曳的方法创建参考线时，一定要先显示标尺，且注意光标放置的位置。

（2）在【首选项】对话框中，设置【历史记录状态】为"100"，将暂存盘的位置更改为驱动器 D 和 E，将【色域警告】的颜色更改为黄色。

（3）自定义自己的工作界面布局。

第 2 章

图像处理的基本操作

　　要使用 Photoshop 编辑和处理图像，首先要掌握 Photoshop
图像处理最基本的操作方法，如新建、打开、保存文件，修改图像
尺寸、变换图像等，为在后续图像处理的过程中打下良好的基础。

　　本章学习要点

- ◆ 学会新建、打开、保存、关闭文件
- ◆ 学会置入、导入、导出文件
- ◆ 学会修改图像尺寸与画布大小、裁剪图像
- ◆ 掌握图像变换与变形的操作方法

2.1 新建文件

新建文件是指在 Photoshop 中创建 Photoshop 的默认文件，同时也是一个空白文件，可以在上面进行绘画，或者将其他图像复制到其中，然后对图像进行编辑。

执行【文件】>【新建】命令或者按【Ctrl+N】组合键，弹出【新建文档】对话框。在此对话框中，可以设置【名称】、【宽度】、【高度】、【分辨率】、【颜色模式】和【背景内容】等参数，如图 2-1 所示，最后单击【创建】按钮，即可新建图像文件，如图 2-2 所示。

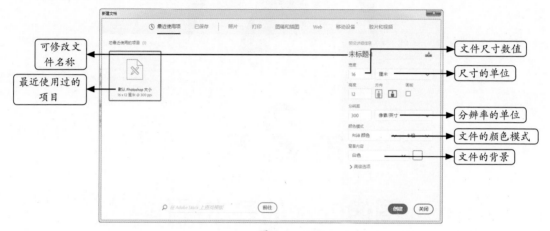

图 2-1

在【颜色模式】下拉列表中可以选择文件的颜色模式，如 RGB 颜色模式、CMYK 颜色模式、Lab 颜色模式等。

在【背景内容】下拉列表中可以选择文件的背景。【白色】选项是指用白色填充新建图像文件的背景，它是默认的背景色；【背景色】选项是指用当前的背景颜色填充新建图像文件的背景；【透明】选项是指创建一个没有颜色值的单图层图像。

2.2 打开文件

使用 Photoshop 编辑图像，首先将要编辑的图像文件在 Photoshop 中打开。在 Photoshop 中有多种方法可以打开要编辑的图像文件。

1. 使用【打开】命令打开文件

执行【文件】>【打开】命令，在弹出的【打开】对话框中选择需要的文件，如图 2-2 所示。

选择图像文件的存储路径

选择要打开的文件，当该文件名和图标显示为蓝色时表示该文件被选中

单击该按钮即可打开选中的文件

选择图像的文件格式便于查找

图 2-2

2. 使用【打开为】命令打开文件

执行【文件】>【打开为】命令，弹出【打开】对话框，选择要打开的文件并为其指定正确的格式，单击【打开】按钮，可以打开文件，如图 2-3 所示。

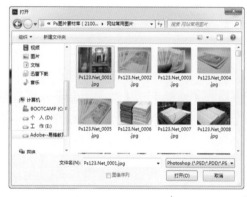

图 2-3

3. 打开最近使用过的文件

执行【文件】>【最近打开文件】命令，在【最近打开文件】子菜单中会显示最近打开过的文件，执行该命令可以打开最近使用过的文件。当使用痕迹被清除后，最近使用过的文件不会被显示。

4. 作为智能对象打开文件

执行【文件】>【打开为智能对象】命令，弹出【打开为智能对象】对话框，选择要打开的文件，单击【打开】按钮，该文件可转换为智能对象，如图 2-4 所示。

图 2-4

2.3 置入与导入文件

通过【置入】和【导入】命令可以将图像文件置入或导入 Photoshop 文件中。

2.3.1 置入文件

当新建一个文件或打开一个图像文件时，可以执行【文件】>【置入】命令，将位图、矢量图等一些图像文件置入 Photoshop 中，图像文件在置入后会转换成智能对象，如图 2-5 所示。

图 2-5

> ℹ️ 提示
>
> 图像文件被置入时会显示图像的控制框，按住鼠标左键拖曳缩放图像的控制框，可以调整图像的大小，调整完成后按【Enter】键即可。

2.3.2　导入文件

执行【文件】>【导入】命令可以导入视频帧、注释等内容，在计算机连接数码相机传输设备或扫描设备时，可以使用【导入】命令来获取数码相机和扫描设备中的图像文件。【导入视频帧】等命令将在后续章节中介绍。

2.4　存储文件

在 Photoshop 中，对图像进行编辑后，应及时存储图像文件，以防意外断电或者计算机死机造成图像文件的丢失。

2.4.1　使用存储命令保存文件

图像编辑完成后，执行【文件】>【存储】命令，如果是新建的文件，会弹出【存储为】对话框；也可执行【文件】>【另存为】命令，弹出【另存为】对话框，在弹出的对话框中可以设置文件的名称、文件格式和文件存储路径，为文件选择存储的位置，如图 2-6 所示。也可以按【Ctrl+S】组合键存储文件。

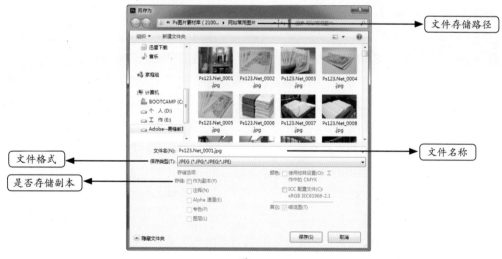

图 2-6

2.4.2　存储为 Web 和设备所用格式

执行【文件】>【存储为 Web 和设备所用格式】命令，可以将文件存储为适合网页使用的格式。

2.4.3 文件格式

在 Photoshop 中，文件的格式决定了图像的存储方式、图像的压缩方式和软件的兼容情况，执行【文件】>【另存为】命令，在弹出的【另存为】对话框的【保存类型】下拉列表中可以选择文件格式，如图 2-7 所示。

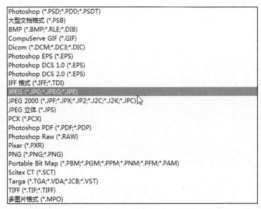

图 2-7

下面介绍 Photoshop 常用的文件格式。

1．PSD 格式

PSD 格式是 Photoshop 默认的文件格式，而且是除大型文件格式（PSB）之外支持 Photoshop 所有功能的唯一格式。Adobe 应用程序（如 Illustrator、InDesign、Premiere Pro、After Effects 等）可以直接导入 PSD 格式文件，并保留许多 Photoshop 功能。

存储 PSD 文件时，可以设置首选项以最大程度地提高文件兼容性。这样将会在文件中存储一个带图层图像的复合版本，因此其他应用程序（包括 Photoshop 以前的版本）能够读取该文件。同时，即使将来的 Photoshop 版本更改某些功能，它也可以保持文件的外观。通过包含复合图像，可以在除 Photoshop 外的应用程序中更快速地载入和使用图像，有时为使图像在其他应用程序中可读还必须包含复合图像。此外，还可以将 16 位 / 通道和高动态范围 32 位 / 通道图像存储为 PSD 文件。

2．大型文件格式

大型文件格式（PSB）支持宽度或高度最大为 300 000 像素的文件，支持 Photoshop 所有功能，如图层、效果和滤镜。

> **⚡ 注意**
>
> 对于宽度或高度超过 30 000 像素的文件，某些增效滤镜不可用。

3．TIFF 格式

TIFF 格式是用于在应用程序和计算机平台之间交换文件的文件格式。TIFF 格式是一种灵活的位图图像格式，几乎所有的绘画、图像编辑和页面排版应用程序都支持该文件格式；

而且，几乎所有的桌面扫描仪都可以生成 TIFF 图像。TIFF 文件最大可达 4 GB。

TIFF 格式支持具有 Alpha 通道的 CMYK、RGB、Lab、索引颜色模式和灰度颜色模式，以及没有 Alpha 通道的位图颜色模式图像。Photoshop 可以在 TIFF 文件中存储图层；但是，若在另一个应用程序中打开该文件，则只有拼合图像是可见的。

> ⚠ 注意
>
> 在 Photoshop 中，TIFF 文件的位深度为每通道 8 位、16 位或 32 位。

4．JPEG 格式

JPEG 的英文全称为 Joint Picture Expert Group（联合图像专家组）。JPEG 格式是在 World Wide Web 及其他联机服务上常用的一种文件格式，用于显示超文本标记语言（HTML）文件中的照片和其他连续色调图像。JPEG 格式支持 CMYK、RGB 和灰度颜色模式，但不支持透明度。与 GIF 格式不同，JPEG 格式保留 RGB 图像中的所有颜色信息，但通过有选择地丢掉数据来压缩文件大小。

JPEG 图像在打开时自动解压缩。压缩级别越高，得到的图像品质越低；压缩级别越低，得到的图像品质越高。在大多数情况下，"最佳"品质选项产生的结果与原图像几乎没有分别。

5．PDF 格式

PDF 格式是 Adobe 公司开发的用于 Windows、Mac OS、UNIX 和 DOS 系统的一种支持电子出版的文件格式，适用于不同的平台。它以 PostScript 语言为基础，因此可以覆盖矢量图像和各个点阵图像，并支持超链接。

PDF 文件是由 Adobe Acrobat 应用程序生成的文件格式，可以存有多页信息，其中包含图形文件的查找和导航功能。因此，使用该应用程序不需要排版或图像软件即可获得图文混排的版面。由于该格式支持超链接，所以是网络下载经常使用的文件格式。

PDF 格式支持 CMYK、RGB、索引、Lab、灰度和位图颜色模式，并支持通道、图层等数据信息。PDF 格式还支持 JPEG 和 ZIP 的压缩格式（位图颜色模式不支持 ZIP 压缩格式保存），保存时会出现对话框，从中可以选择压缩方式；当选择 JPEG 压缩时，还可以选择不同的压缩比例来控制图像品质。

6．BMP 格式

BMP 格式是 DOS 和 Windows 系统中的标准 Windows 图像格式。BMP 格式支持 RGB、索引、灰度和位图颜色模式。可以指定 Windows 或 OS/2 格式和 8 位 / 通道的位深度。对于使用 Windows 格式的 4 位 / 通道和 8 位 / 通道图像，还可以指定 RLE 压缩，这种压缩方案不会损失数据，是一种非常稳定的格式。但 BMP 格式不支持 CMYK 颜色模式的图像。

7．GIF 格式

GIF 格式是在 World Wide Web 及其他联机服务上常用的一种文件格式，用于显示超文本标记语言（HTML）文件中的索引颜色图形和图像。GIF 格式是一种 LZW 压缩格式，目的在于最小化文件大小和传输时间。GIF 格式保留索引颜色模式图像中的透明度，但不支持

Alpha 通道。

8. PNG 格式

PNG 格式是作为 GIF 格式的无专利替代品开发的，用于无损压缩和在 Web 上显示图像。与 GIF 格式不同，PNG 格式支持 24 位 / 通道图像并产生无锯齿状边缘的背景透明度。但某些 Web 浏览器不支持 PNG 图像。PNG 格式支持无 Alpha 通道的 RGB、索引、灰度和位图颜色模式。PNG 格式保留灰度和 RGB 图像中的透明度。

9. AI 格式

AI 格式是 Illustrator 默认的文件格式，也是一种标准的矢量图文件格式，用于保存与使用 Illustrator 绘制的矢量路径信息。在 Photoshop 中打开 AI 文件时，Photoshop 可以将其转换为智能对象，以避免矢量图文件中的矢量信息被栅格化。

10. TGA 格式

TGA 格式专用于使用 Truevision 视频的系统，MS-DOS 色彩应用程序普遍支持这种格式。TGA 格式支持 16 位 / 通道 RGB 图像、24 位 / 通道 RGB 图像和 32 位 / 通道 RGB 图像。TGA 格式也支持无 Alpha 通道的索引和灰度颜色模式。当以 TGA 格式存储 RGB 图像时，可以选择像素深度，并选择使用 RLE 编码来压缩图像。

11. RAW 格式

Photoshop RAW 格式是一种灵活的文件格式，用于在应用程序与计算机平台之间传递图像。这种格式支持具有 Alpha 通道的 CMYK、RGB、灰度颜色模式及无 Alpha 通道的多通道和 Lab 颜色模式。以 RAW 格式存储的文件可为任意像素大小或文件大小，但不能包含图层。

RAW 格式由一串描述图像中颜色信息的字节构成。每个像素都以二进制数格式描述，0代表黑色，255 代表白色（对于具有 16 位 / 通道的图像，白色值为 65 535）。Photoshop 指定描述图像所需的通道数及图像中的任何其他通道，也可以指定文件扩展名（Windows）、文件类型（Mac OS）和文件创建程序（Mac OS）。

2.5 拷贝、粘贴与还原

文件的拷贝[①]、粘贴与还原命令是文件编辑软件中最基本的命令。【拷贝】、【粘贴】用来完成图像的拷贝与粘贴的操作；【还原】命令用来完成图像的恢复操作，在编辑图像时，对操作的每一步 Photoshop 都会记录在【历史记录】面板中，可以通过【还原】命令将图像恢复到前面操作的某一步的状态。

---

① 拷贝实为复制，为与软件保持一致，此处暂用"拷贝"，自2.5.2小节开始，除软件命令为拷贝外，其余均为复制。

拷贝、合并拷贝与剪切

1. 拷贝

在图像中创建选区后，执行【编辑】>【拷贝】命令或者按【Ctrl+C】组合键，将选中的图像拷贝到剪贴板上，此时图像不会发生变化，按【Ctrl+V】组合键可以将拷贝的图像粘贴过来，如图 2-8 所示。

图 2-8

2. 合并拷贝

使用【合并拷贝】命令必须满足两个条件，一是要建立两个或者两个以上的图层，二是要创建一个选区。满足以上两个条件后，执行【编辑】>【合并拷贝】命令，会将所有可见图层的内容拷贝到一个新的图层上，图 2-9 所示为合并拷贝后的结果。

图 2-9

3. 剪切

执行【编辑】>【剪切】命令将图像从画面中剪切到剪贴板上，再执行【编辑】>【粘贴】命令完成图像的转移，被剪切的图像将会在原文件中消失。

粘贴与选择性粘贴

1. 粘贴

粘贴是指把复制或剪切的图像粘贴到当前编辑的文件中。执行【编辑】>【粘贴】命令可以完成此操作。

2. 选择性粘贴

复制或剪切图像后，执行【编辑】>【选择性粘贴】命令，可以在【选择性粘贴】子菜单中选择粘贴的方式，如图 2-10 所示。

图 2-10

【原位粘贴】：将按照图像原来的位置粘贴到新文件中，如图 2-11 所示。

图 2-11

【贴入】：图像粘贴到文件中并且能添加蒙版，如果创建选区，选区将被隐藏。

【外部粘贴】：图像粘贴到文件中并且能添加蒙版，如果创建选区，选区内的图像将被隐藏。

> **ⓘ 提示**
>
> 在使用【贴入】和【外部粘贴】命令时，需要在目标文件中创建选区才能执行该命令，若没有创建选区，则该命令不能执行。

3. 清除

使用【清除】命令时，必须要创建选区，【清除】命令填充的颜色为【拾色器】中的背景色。执行【编辑】>【清除】命令，可以清除选区中的图像，如图 2-12 所示。

图 2-12

2.6　修改图像尺寸与画布大小

在使用 Photoshop 编辑图像文件时，有的图像尺寸和分辨率不符合工作要求，此时需要根据实际的要求对图像的尺寸和分辨率进行调整，才能符合工作要求。

2.6.1　修改图像尺寸

执行【图像】>【图像大小】命令，弹出【图像大小】对话框，如图 2-13 所示。

图 2-13

【图像大小】：当前图像文件所占的存储空间。

【尺寸】：当前图像文件的尺寸大小，单击右侧的下拉三角按钮，可以更改尺寸的单位。

【调整为】：选择 Photoshop 自带的常用文件尺寸。

【约束比例】：在修改图像的比例时，保持宽度和高度的比例不变，单击 按钮，可以解除约束比例关系，通过修改右侧的数值来改变图像的原始比例和大小。

【分辨率】：修改图像文件的分辨率。

【重新采样】：修改图像大小时才出现的参数，根据不同的需求可以选择不同的选项。图 2-14 所示为重新采样的参数。

自动	Alt+1
保留细节（扩大）	Alt+2
保留细节 2.0	Alt+3
两次立方（较平滑）（扩大）	Alt+4
两次立方（较锐利）（缩减）	Alt+5
两次立方（平滑渐变）	Alt+6
邻近（硬边缘）	Alt+7
两次线性	Alt+8

图 2-14

【自动】：【自动】是 Photoshop 的默认选项，选择此选项时 Photoshop 会根据用户对图像的操作自动选择。

【保留细节（扩大）】：用于减少图像的杂色，若图像不是很精细则基本看不出来，但减少杂色会让图像更加细腻。

【保留细节 2.0】：用于减少图像的杂色，与【保留细节（扩大）】相比，【保留细节 2.0】处理的效果会更加细腻。

【两次立方（较平滑）（扩大）】：在自动之上让图像更加平滑的一种优化方法。

【两次立方（较锐利）（缩减）】：该选项与上面的操作相反，主要是为了更多地保留图像的细节。

【两次立方（平滑渐变）】：将周围像素值作为依据的一种分析方法，处理的图像精度较高。

【邻近（硬边缘）】：与两次立方不同之处是处理速度较快但精度不高。

【两次线性】：此种方式生成的图像比较中等，处理的依据是周围像素。

2.6.2 修改画布大小

画布是指 Photoshop 当前文件窗口的编辑区域；执行【图像】>【画布大小】命令，在弹出的【画布大小】对话框中修改画布的大小，如图 2-15 所示。

图 2-15

【相对】：选中此复选框后，【宽度】和【高度】文本框中的数值不再是整个文件的宽度和高度，而是用于增大或者减小的画布区域。

【定位】：定位当前图像在画布中的位置，单击不同的方格，图像会在不同的位置显示。

【画布扩展颜色】：选择新画布的填充颜色。若图像的背景为透明色，则该命令不能使用。

2.6.3 旋转图像

执行【图像】>【图像旋转】命令，在【图像旋转】子菜单中可以选择用于旋转画布的命令，图 2-16 所示为执行【180 度】命令后的图像状态。

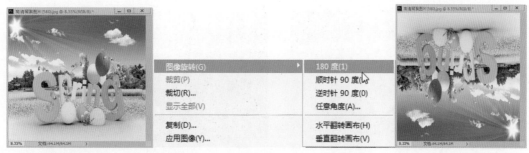

图 2-16

2.6.4 显示隐藏在画布外的图像

执行【图像】>【显示全部】命令，Photoshop 会显示隐藏在画布外的图像，并自动扩大画布，显示全部图像，如图 2-17 所示。

图 2-17

2.7 裁剪图像

在对图像或照片进行编辑时，如果有需要裁剪的图像，可以使用裁剪工具。使用裁剪工具和裁切命令都可以对图像进行裁剪。

2.7.1 使用裁剪工具裁剪图像

使用裁剪工具可以对图像进行裁剪，并重新设置画布的大小。选择工具箱中的【裁剪工具】，在图像中单击鼠标左键，弹出一个控制框，可以根据需要调整控制框的大小以确定裁切范围，然后按【Enter】键可以完成图像裁剪，如图 2-18 所示。

图 2-18

在裁剪工具选项栏中，可以通过输入图像的高度、宽度和分辨率数值，完成图像的裁剪。执行【图像】>【图像大小】命令，可以看到图像的大小发生变化，如图 2-19 所示。

图 2-19

2.7.2 使用裁切命令裁剪图像

裁切命令通过移去不需要的图像数据来裁剪图像，其所用的方式与裁剪工具不同。可以通过裁剪周围的透明像素或指定颜色的背景像素来裁剪图像。

【透明像素】：修整掉图像边缘的透明区域，留下包含非透明像素的最小图像。

【左上角像素颜色】：从图像中移去左上角像素颜色的区域。

【右下角像素颜色】：从图像中移去右下角像素颜色的区域。

2.8 图像的变换与变形

编辑图像包括对图像进行移动、缩放、旋转、扭曲等操作。在操作中，移动、缩放、旋转图像不会改变图像形状，称为图像的变换操作；扭曲等改变图像形状的操作称为图像的变形操作。通过【变换】命令与【自由变换】命令可实现图像的变换与变形。

2.8.1 图像变换

1. 移动

工具箱中的【移动工具】是 Photoshop 中最常用的工具之一，常用于移动文件中的选区和图层中的图像，还用于将图像拖入当前正在使用的文件中。图 2-20 所示为在同一文件中移动图像。

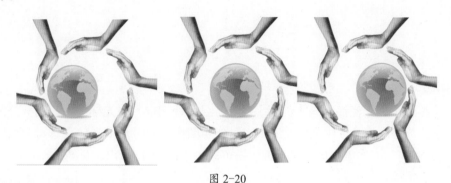

图 2-20

> **ⓘ 提示**
>
> 在使用【移动工具】时，按住【Alt】键可以复制图像，复制的图像将会生成一个新的图层。

2. 缩放

执行【编辑】>【自由变换】命令，或者按【Ctrl+T】组合键显示变换图像的控制框，如图 2-21 所示。将光标放在控制框的控制点上，光标变为 形状，按住【Shift】键拖曳控制点，使图像等比例缩放，如图 2-22 所示；如果不按住【Shift】键拖曳控制点，可以任意比例缩放，会改变图像的宽高比，如图 2-23 所示。

图 2-21　　　　　　　　　　图 2-22　　　　　　　　　　图 2-23

3. 旋转

执行【编辑】>【自由变换】命令，或者按【Ctrl+T】组合键显示变换图像的控制框；将光标放在控制框外靠近控制点处，光标变为 形状，按住鼠标左键拖曳完成对图像的旋转操作，如图 2-24 所示。改变控制框中心控制点可以改变图像的旋转中心轴，如图 2-25 所示。

图 2-24   图 2-25

2.8.2 图像变形

1. 斜切

执行【编辑】>【变换】>【斜切】命令，显示控制框，将光标放到控制框外侧的控制点上，光标变为 形状，按住鼠标左键拖曳可斜切图像，同时按【Enter】键可改变图像的形状，如图 2-26 所示。如果变形效果不理想，可以按【Esc】键退出，重新操作。

图 2-26

2. 扭曲

执行【编辑】>【变换】>【扭曲】命令，显示控制框，将光标放到控制框外侧的控制点上，光标变为 形状，按住鼠标左键拖曳可扭曲图像，同时按【Enter】键可改变图像的形状，如图 2-27 所示。如果变形效果不理想，可以按【Esc】键退出，重新操作。

图 2-27

3. 透视

执行【编辑】>【变换】>【透视】命令，显示控制框，将光标放到控制框外侧的控制点上，光标变为 形状，按住鼠标左键拖曳可改变图像的透视方向，从而改变图像的形状，调整完成后按【Enter】键结束，如图 2-28 所示。如果变形效果不理想，可以按【Esc】键退出，重新操作。

图 2-28

4. 变形

执行【编辑】>【变换】>【变形】命令，显示控制框，可以看到控制框为网格状，除有控制点外，还有调节控制点的手柄，通过调节控制点、调节手柄和拖动网格可以调整图形，调整完成后按【Enter】键可实现图像的变形，如图 2-29 所示。

图 2-29

2.8.3 操控变形

操控变形用于改变图像的形状，实现很多特殊的效果。使用时要先选中修改的图层，在图像中想要改变的地方钉上图钉，然后通过拖动图钉来改变图像的形状，调整完成后，按【Enter】键，如图 2-30 所示。

图 2-30

> ⊘ **注意**
>
> 　　【操控变形】命令不能应用于背景图层，当图像文件的图层为背景图层时，需要将背景图层解锁，变成普通图层。

　　在操控变形工具选项栏中可以调整网格设置，如图 2-31 所示。

| 📌 | 模式: 正常 ∨ | 浓度: 正常 ∨ | 扩展: 2像素 ∨ | ☑ 显示网格 | 图钉深度: ⁺🔵 ₊🔵 | 旋转: 自动 ∨ 0 度 | ↺ ⊘ ✓ |

图 2-31

　　【模式】：确定网格的整体弹性。

　　【浓度】：确定网格点的间距。较多的网格点可以提高精度，但需要耗费较多的时间，占用大量计算机内存；较少的网格点则相反。

　　【扩展】：扩展或收缩网格的外边缘。

　　【显示网格】：取消选中此复选框可以只显示调整图钉，从而显示更清晰的变换预览。

> ⓘ **提示**
>
> 　　按【H】键可以临时隐藏调整的图钉。

2.8.4 透视变形

　　在处理图像的过程中，图像中显示的某个对象可能与在现实生活中所看到的样子有所不同，这是由于透视扭曲造成的。例如，使用不同相机距离和视角拍摄的同一对象的图像会呈现不同的透视扭曲。Photoshop 的【透视变形】命令可以改变透视扭曲变形。

　　在调整透视前，必须在图像中定义结构的平面。在 Photoshop 中打开图像，执行【编辑】>【透视变形】命令，沿图像透视结构的平面绘制两个四边形，如图 2-32 所示。

图 2-32

单击透视变形工具选项栏的【变形】按钮，从版面模式切换到变形模式。按住鼠标左键调整图像的形状，调整图像的状态如图 2-33 所示。

图 2-33

2.9　文件还原操作

在编辑图像的过程中，难免会出现不满意的操作，Photoshop 提供了恢复之前操作的功能，用于取消不满意的操作效果。

2.9.1　还原与重做

执行【编辑】>【还原】命令，或按【Ctrl+Z】组合键，可以对图像进行还原，即还原到上一步的操作状态。如果要取消还原操作，可以执行【编辑】>【重做】命令，或按【Ctrl+Shift+Z】组合键。

2.9.2　历史记录

在编辑图像的过程中进行的每一步操作，Photoshop 都会记录在【历史记录】面板中，通过【历史记录】面板可以将图像还原到之前某一步的状态，也可以再次回到当前的操作状态，如图 2-34 所示。

图 2-34

2.9.3 快照

快照用于建立图像任何状态的临时文件。新快照将添加到【历史记录】面板顶部的快照列表中。选择一个快照可以从该快照记录的图像状态开始工作。快照与【历史记录】面板中列出的状态有类似之处，优点如下所述。

- 命名快照，使它更易于识别。在整个工作过程中，可以随时存储快照。
- 比较图像效果。例如，在应用滤镜前后创建快照，然后选择第一个快照，并尝试在不同的设置情况下应用同一个滤镜，然后在各快照之间切换，找出喜爱的设置。
- 利用快照，可以轻松恢复历史记录。在使用复杂的技术或应用动作时，先创建一个快照。如果对结果不满意，可以选择该快照来还原所有步骤。

1．创建快照

要自动创建快照，可单击【历史记录】面板上的【创建新快照】按钮 📷 或者在【历史记录】面板快捷菜单中选择【新建快照】命令，如图 2-35 所示。

图 2-35

2．重命名与删除快照

单击选中需要修改名称的快照，双击该快照，显示文本框，输入一个名称，如图 2-36 所示。要删除快照，可选择此快照，然后在【历史记录】面板快捷菜单中选择【删除】命令或单击面板右下角的【删除】按钮，也可直接将此快照拖动到【删除】按钮上，如图 2-37 所示。

图 2-36　　　　　　　　　　　　　　　　　图 2-37

在编辑图像时，当做完一个重要操作后，可以将其保存为一个快照。在操作过程中可以保存多个快照。要恢复图像时可以通过单击快照来恢复为快照所记录的状态。

2.9.4　清除内存

在使用 Photoshop 编辑图像时，需要保存大量的数据，这样会造成计算机处理速度十分缓慢，执行【编辑】>【清理】命令，可以清除还原命令、历史记录和剪贴板中的数据所占用的内存，以加快计算机的处理速度。

2.10　综合案例——制作证件照

学习目的

本案例通过对图像进行大小、角度等变换操作，控制自由变换控制框的缩放、旋转。学习移动等基本操作及文件的创建和保存等命令。

知识要点提示

- 新建文件的尺寸与分辨率的设置
- 对图像进行缩放时按住【Shift】键，可以使图像等比例缩放。

操作步骤

打开文件与抠图

01 打开 Photoshop CC 软件，执行【文件】>【打开】命令，弹出【打开】对话框，单击【查找范围】右侧的下三角按钮，打开"素材 / 第 2 章 / 人物图片 .jpg"文件，单击【打开】按钮，如图 2-38 所示。

图 2-38

02 双击【图层】面板中的背景图层，弹出【新建图层】对话框，单击【确定】按钮，将背景图层转换成普通图层，如图 2-39 所示。

图 2-39

03 选择工具箱中的【钢笔工具】，在图像中人物的肩膀处单击创建一个锚点，如图 2-40 所示；然后沿着人物的外边缘创建一个闭合的路径，如图 2-41 所示。

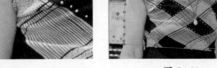

图 2-40   图 2-41

04 按【Ctrl+Enter】组合键，将创建的路径转换为选区，效果如图 2-42 所示；执行【选择】>【反选】命令，将选区反选，然后按【Delete】键删除选中的图像，得到的图像效果如图 2-43 所示。

图 2-42   图 2-43

05 设置完成后，按【Ctrl+D】组合键取消选区；执行【文件】>【存储为】命令，在弹出的【另存为】对话框中设置参数如图 2-44 所示。设置完成后单击【保存】按钮，在弹出的【Photoshop格式选项】中单击【确定】按钮，文件保存完成。

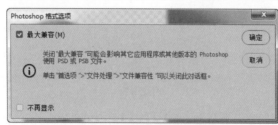

图 2-44

创建一寸照片 ① 文件与图像合成

06 执行【文件】>【新建】命令，在弹出的【新建文档】对话框中设置参数如图 2-45 所示。

① 本案例中的"一寸"照片是指25mm×35mm的照片，"二寸"照片是指35mm×45mm的照片。

设置完成后单击【创建】按钮创建文件，如图 2-46 所示。

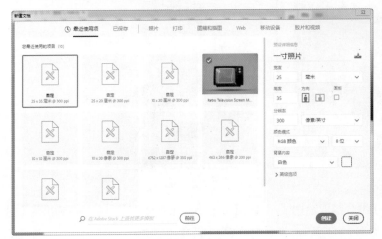

图 2-45　　　　　　　　　　　　　　　　图 2-46

07 执行【文件】>【置入嵌入对象】命令，在弹出的【置入嵌入的对象】对话框中选择前面保存的"一寸照片素材 .psd"文件，单击【置入】按钮，置入图片，效果如图 2-47 所示。

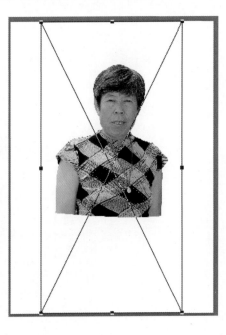

图 2-47

08 将光标移动到控制框任意一个角上，按住【Shift】键的同时，按住鼠标左键拖曳图像调整至大小合适，调整完成后按【Enter】键确认，效果如图 2-48 所示。

09 在【图层】面板中选择置入的人物图片图层，单击鼠标右键，在弹出的快捷菜单中执行【栅格化图层】命令，如图 2-49 所示，将图层栅格化，变成普通图层。

图 2-48

图 2-49

10 执行【文件】>【存储为】命令，保存图像文件，一寸照片制作完成。

创建二寸照片文件与图像合成

11 执行【文件】>【新建】命令，在弹出的【新建文档】对话框中设置参数如图 2-50 所示。设置完成后单击【创建】按钮创建文件，如图 2-51 所示。

图 2-50

图 2-51

12 单击工具箱中的前景色图标，在弹出的【拾色器（前景色）】对话框中设置前景色的颜色数值如图 2-52 所示。设置完成后，执行【编辑】>【填充】命令，将前景色填充到文档中，得到如图 2-53 所示的效果。

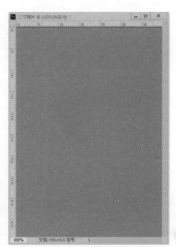

图 2-52   图 2-53

13 执行【文件】>【置入嵌入对象】命令，在弹出的【置入嵌入的对象】对话框中选择前面的
保存的"一寸照片素材 .psd"文件，单击【置入】按钮，置入图片，效果如图 2-54 所示。

图2-54

14 将光标移动到控制框任意一个角上，按住【Shift】键的同时，按住鼠标左键拖曳图像调整至
大小合适，调整完成后按【Enter】键确认，效果如图 2-55 所示。

15 在【图层】面板中选择置入的人物图片图层，单击鼠标右键，在弹出的快捷菜单中执行【栅
格化图层】命令，如图 2-56 所示，将图层栅格化，变成普通图层。

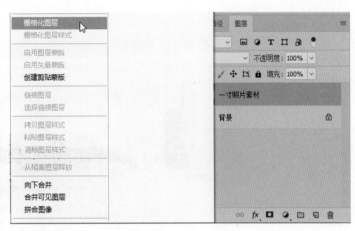

图 2-55　　　　　　　　　　　　　　　　　图 2-56

16 执行【文件】>【存储为】命令，保存图像文件，两寸照片制作完成。

2.11　本章小结

本章主要介绍在 Photoshop 中编辑图像的基础操作。由于在 Photoshop 中进行的操作都基于图像文件，所以掌握图像文件的基础操作非常重要，只有掌握了这些操作，才能灵活运用 Photoshop 进行设计，制作高水平的作品。

2.12　本章习题

1. 选择题

（1）（　　）格式支持 RGB、索引、CMYK、灰度、位图和 Lab 颜色模式，支持通道、图层等数据信息，并支持 JPEG 和 ZIP 的压缩格式（位图颜色模式不支持 ZIP 压缩格式保存）。

　　A. PSD　　　　　　B. TIFF　　　　　　C. PDF　　　　　　D. GIF

（2）在操作中移动、缩放、旋转操作不改变图像形状，称为图像的（　　）。

　　A. 变形操作　　　B. 变换操作　　　C. 自由操作　　　D. 手动操作

2. 操作题

使用【透视】命令对图像进行透视变形，再通过【变换】子菜单中的其他命令完成图像的变形操作。

如图 2-57 所示，将这张图像在 Photoshop 中使用【变换】子菜单中的【斜切】、【扭曲】、【变形】命令完成图像的变形操作。

图 2-57

重点难点提示

　　在对图像变形的过程中，要注意鼠标与控制框的配合。在调整图像控制框的过程中，要按住鼠标左键。

第3章

图 像 选 区

　　使用 Photoshop 编辑图像时，一般都要创建选区，即在选定的区域内进行图像编辑，同时保护未选中的图像。使用选区工具选中要修改的区域后，可以创建选区，同时也为图像创建了有效的编辑区域。

本章学习要点

- 掌握选区工具的基本使用方法
- 掌握调整选区、变换选区的方法
- 掌握存储选区、载入选区的方法

3.1 选区工具

在 Photoshop 中选择图像的基本方法是用选区工具选取图像。在 Photoshop 工具箱中的选区工具共 3 类，分别是规则选区工具、不规则选区工具和相近颜色工具。

3.1.1 规则选区工具

规则选区工具包括矩形选框工具、椭圆选框工具、单行选框工具和单列选框工具，如图 3-1 所示。

1. 矩形选框工具

选择【矩形选框工具】可以直接在图像上拖曳出矩形选框选择需要的区域，如图 3-2 所示。如果要增选其他区域的内容，在选择区域后，可以按住【Shift】键再选择其他区域的内容，如图 3-3 所示。

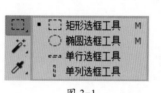

图 3-1   图 3-2   图 3-3

按住【Alt】键，这时原来十字形光标的右下方会出现一个减号，再次进行选择区域的操作，会在原选区的基础上将重叠的部分减去，新建选区，如图 3-4 所示。

图 3-4

如果希望选择多个选区的重合部分，可先建立一个选区，按住【Shift+Alt】组合键，这时原来十字形光标的右下方会出现一个乘号，然后选择【矩形选框工具】，则新建立的选区与原选区重叠的部分将被保留，如图 3-5 所示。

图 3-5

使用矩形选框工具选项栏可以实现对选区的减去或者叠加，如图3-6所示。

图 3-6

【新选区】：创建新的选区。在图像中如果已有一个选区，创建的新选区将取代原选区。

【添加到选区】：在图像已有选区上增加新绘制的选区，创建一个新选区。

【从选区减去】：在图像已有选区的范围中减去新的选区，创建一个新选区。

【与选区交叉】：将保留已有选区和新绘制选区的相交部分作为新选区。

【羽化】：羽化功能是指通过在选区和其边缘像素间建立过渡边界，以达到柔化选区边缘的目的。羽化会使选区边缘出现细节上的变化。与【消除锯齿】命令有所区别，羽化可以对已有羽化效果的选区继续添加羽化效果。本章后续将详细介绍【羽化】命令。

> **ⓘ 提示**
>
> 在使用【矩形选框工具】创建选区时，在拖曳鼠标的同时按住【Shift】键，可以框选出正方形选区；按住【Alt】键，可以框选出以起点为中心的矩形选区；按住【Shift+Alt】组合键，可以框选出以起点为中心的正方形选区。

2. 椭圆选框工具

选择【椭圆选框工具】可以创建圆形或椭圆形的选区。在工具箱中选择【椭圆选框工具】，在图像上拖动绘制椭圆形的选框，选择所需要的范围，如图3-7所示。

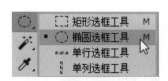

图 3-7

使用【椭圆选框工具】创建选区的调整方法和【矩形选框工具】基本相同，不再重复讲解。两个选区工具的区别是，在椭圆选框工具选项栏中可以选中【消除锯齿】复选框，在边缘和背景色之间填充过渡色时，选中此复选框可以使边缘看起来更柔和，从而达到消除锯齿的目的。

【椭圆选框工具】与【矩形选框工具】相似，在拖曳鼠标的同时按住【Shift】键，可以框选出圆形的选区；按住【Alt】键，可以框选出以起点为圆心的椭圆选区；按住【Shift+Alt】组合键，可以框选出以起点为圆心的圆形选区。

3. 单行 / 单列选框工具

选择工具箱中的【单行选框工具】或【单列选框工具】，在图像中单击，图像中出现单行或单列的选区，如图 3-8 所示。

图 3-8

3.1.2 不规则选区工具

在使用 Photoshop 进行实际操作时，还需要创建一些不规则的选区，可以使用不规则区域工具进行选取。不规则区域工具包括套索工具、多边形套索工具和磁性套索工具，如图 3-9 所示。图 3-10 所示为套索工具选项栏。

图 3-9   图 3-10

1. 套索工具

使用【套索工具】的方法与【画笔工具】类似，相对比较来说难以控制，因此创建选区的效果有时会不理想。只有使用鼠标谨慎、细心地操作后，才可能获得比较满意的效果，如图 3-11 所示。

图 3-11

套索工具选项栏只有用于边缘处理的【羽化】和【消除锯齿】两个选项，一般用于选择一些不规则、外形相对比较复杂的图像。

2. 多边形套索工具

选择【多边形套索工具】可以在图像中创建不规则的多边形选区。【多边形套索工具】对复杂图像进行选择的效果相对【套索工具】要好一些，缺点是创建的选区为多边形的直线选区，即不圆滑。

选择【多边形套索工具】，将光标移动到图像中，光标变为多边形套索形状 ；在起始位置单击，这时移动光标会随光标的移动拉出一条线；再次单击，可以继续绘制选区，绘制完选区后在起点位置单击，形成闭合选区，如图 3-12 所示。

图 3-12

3. 磁性套索工具

【磁性套索工具】常用于图像与背景反差较大、形状较复杂的区域选择工作。

选择【磁性套索工具】，在其工具选项栏中设定参数，如图 3-13 所示。

图 3-13

【宽度】：在选择图像时探查边缘的宽度。取值范围为 1 ～ 40 像素，数值越大，范围越大，精细度越低。

【对比度】：调整【磁性套索工具】对图像边缘的灵敏度。较高的数值用于与周围对比强烈的边缘，较低的数值用于与周围对比较弱的边缘。

【频率】：控制套索设置选取固定点的频率。数值越高，选择边框紧固点的速度越快，固定点越密集。

将光标移动到图像中，单击鼠标左键设置一个起点，沿着物体边缘移动光标就能自动绘制选区，如图 3-14 所示。当回到起点时，光标右下角会出现一个小圆圈，表示选区已封闭，再单击即可完成操作，如图 3-15 所示。

图 3-14　　　　　　　　　　　图 3-15

3.1.3　魔棒工具与快速选择工具

【魔棒工具】与【快速选择工具】针对某种色彩范围创建选区，如图 3-16 所示。

1．魔棒工具

选择【魔棒工具】能迅速选择颜色一致的区域。

选择【魔棒工具】，在图 3-17 所示的魔棒工具选项栏中设定参数。

图 3-16   图 3-17

【容差】：在 Photoshop 中默认值为 32。数值越大，可以选择的颜色范围越大；数值越小，选择范围的颜色与选择像素的颜色越相近。图 3-18 所示的是容差值分别为 32 和 62 时【魔棒工具】选择的区域。

【连续】：选中该复选框，【魔棒工具】只能选择与单击处相邻的或颜色数值相接近的范围，否则可选择整个图层中与单击处颜色接近的范围。图 3-19 所示为选中与未选中【连续】复选框的效果对比。

容差为32时   容差为64时   选中【连续】复选框   未选中【连续】复选框

图 3-18   图 3-19

【对所有图层取样】：选中该复选框，【魔棒工具】作用于所有可见图层，否则只作用于当前图层。

2．快速选择工具

【快速选择工具】的功能十分强大，提供了快速创建选区的解决方案。

选择【快速选择工具】，使用快速选择工具选项栏中的【画笔】调整笔刷大小，如图 3-20 所示。

图 3-20

【画笔】：设置画笔的直径、硬度、间距、角度和大小等。

【对所有图层取样】：选中此复选框，可以从整个图像中取样颜色。

【自动增强】：选中此复选框，可以自动增强选区边缘。

在要选择的图像区域内拖曳鼠标，产生需要的选区，在拖曳过程中，可以按住【Alt】键减去多余的选区，按住【Shift】键增加未选择的选区。

> **ⓘ 提示**
>
> 　　如果要选择离边缘比较远且较大的区域，就要将画笔的尺寸调大；如果要选择边缘，就要将画笔的尺寸调小，这样才能尽最大可能地避免选择背景的像素。

3.2　其他创建选区方法

　　除使用选区工具创建选区外，Photoshop 还提供了多种选择区域的方法，如色彩范围、快速蒙版和钢笔工具等。

3.2.1　色彩范围

　　在 Photoshop 中，【选择】菜单中的【色彩范围】命令是根据色彩范围对图像区域进行选择的。执行【色彩范围】命令可以对图像区域进行多次选择，也可以将选择的样本进行保存。打开图像素材，执行【选择】>【色彩范围】命令，弹出【色彩范围】对话框，如图 3-21 所示。

图 3-21

　　根据需要选择的图像区域，在【选择】下拉列表中选择取样颜色，再将【图像】单选按钮切换到【选择范围】单选按钮，选择右侧添加取样工具，在要选择的图像区域上单击添加取样，直到选择的对象与背景形成巨大的黑白反差后，取样完成，如图 3-22 所示，单击【确定】按钮，得到如图 3-23 所示的效果。

图 3-22   图 3-23

按【Ctrl+D】组合键取消选区，执行【选择】>【色彩范围】命令，弹出【色彩范围】对话框，选择【吸管工具】在要选择的图像区域单击。观察此时对话框预览框中图像区域的选择情况，其中白色区域代表已被选择的部分。

> **ⓘ 提示**
>
> 　　按住【Shift】键可以将【吸管工具】切换为【添加到取样工具】，以增加颜色；按住【Alt】键可以将【吸管工具】切换为【从取样中减去工具】，以减去颜色。另外，可以在【色彩范围】对话框预览框或图像中拾取颜色。

除此之外，拖动【颜色容差】滑块也可以调整图像的选择范围。图3-24所示为【颜色容差】数值较小时的选择范围；图3-25所示为【颜色容差】数值较大时的选择范围。

图 3-24

图 3-25

3.2.2 快速蒙版

在复杂的图像中创建选区时，常会出现遗漏选择细小部分的情况，使用蒙版可以检查选区。另外，蒙版还可以保护选区外的图像不受影响。在工具箱中可以非常方便地切换标准模式和快速蒙版模式。

选择【魔棒工具】随意制作一个选区，如图 3-26 所示。

在工具箱底部单击【以快速蒙版模式编辑】按钮，进入快速蒙版模式编辑状态；双击【以快速蒙版模式编辑】按钮，在弹出的【快速蒙版选项】对话框中设置参数，可以定义其颜色和不透明度，如图 3-27 所示。

图 3-26   图 3-27

将前景色设置为白色，选择工具箱中的【画笔工具】，在画笔工具选项栏中调整画笔的直径数值，然后选择【画笔工具】在选中的叉子上涂抹，以消除上面所覆盖的红色，也可根据实际情况放大图像进行绘制，如图 3-28 所示。

在工具箱中单击【以标准模式编辑】按钮，退出快速蒙版模式编辑状态，可以看到叉子已经完全被载入选区，效果如图 3-29 所示。

图 3-28   图 3-29

⊘ 注意

　　如果使用【画笔工具】在涂抹过程中擦除了不应该去掉的红色，可以再次将前景色设置回黑色，在需要重新显示红色的位置进行涂抹，红色将会重新覆盖这些区域。

　　在快速蒙版模式下，几乎可以使用任何绘图手段进行操作，其原理是：若增加选区，则使用白色为前景色进行涂抹；若减少选区，则使用黑色作为前景色进行涂抹；另外，若使用介于黑色与白色之间的任何一种具有不同灰度的颜色进行涂抹，可以得到具有不同不透明度的选区。选择【画笔工具】在要选择的对象的边缘处进行涂抹，可以得到具有羽化效果的选区。

3.2.3 钢笔工具

　　Photoshop 中的【钢笔工具】是矢量工具，可以绘制光滑的曲线路径，适用于边缘光滑、形状不规则的对象，使用【钢笔工具】绘制路径完毕后，可以将路径转换成选区。

　　打开"素材 / 第 3 章 / 安卓 .jpg"，选择工具箱中的【钢笔工具】，在图像中绘制路径，如图 3-30 所示。

图 3-30

ⓘ 提示

　　在调整曲线的时候，要按住【Ctrl】键进行调整，不能按住【Alt】键。【Ctrl】键可以保证该点在调整的时候仍然是一个平滑点，具体的调整方法将在 8.5 节路径与矢量工具中详细介绍。

选择【路径】面板，在【路径】面板中会显示创建的路径，默认名称为"工作路径"。单击【路径】面板的 按钮，在弹出的快捷菜单中执行【建立选区】命令，如图 3-31 所示；弹出【建立选区】对话框，单击【确定】按钮，路径将转换成选区，如图 3-32 所示。

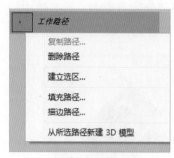
图 3-31

图 3-32

3.3　选区编辑

在使用【选框工具】、【套索工具】或其他工具创建选区后，有的选区难免不如人意，可对不满意的选区进行调整，也可以添加或删除像素来改变选区的选择范围。

3.3.1　基本选区编辑命令

1. 全选

当需要选择整个图像时，可以执行【选择】>【全选】命令，或按【Ctrl+A】组合键，整个图像被选中，如图 3-33 所示。

2. 取消选择

执行【选择】>【取消选择】命令，或按【Ctrl+D】组合键，可以取消选区，如图 3-34 所示。

图 3-33

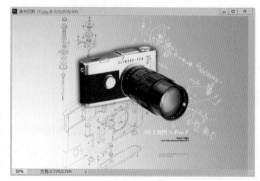
图 3-34

3. 重新选择

执行【选择】>【重新选择】命令，或按【Shift+Ctrl+D】组合键可以重新创建选区。

4. 反向

反向用于创建选区后将选区进行反转，即把图像中已选中的部分取消选中，没有选中的部分选中。执行【选择】>【反向】命令，或按【Shift+Ctrl+I】组合键，如图 3-35 所示。

使用【快速选择工具】创建选区　　　　　　使用【反向】命令将选区反向选取

图 3-35

5. 移动选区

创建选区后，如果在新选区按钮按下的状态使用【选框工具】、【魔棒工具】和【套索工具】时，只要将光标放在选区内并拖动即可移动选区，利用键盘上的方向键也可以移动选区，如图 3-36 所示。

图 3-36

3.3.2 编辑选区的形态

在创建选区时，需要对选区进行精确的放大或缩小调整，此时可以使用选区调整命令对选区进行扩大、缩小、平滑等操作，从而快捷、准确地得到所需要的选区。

1. 边界化选区

打开"素材 / 第 3 章 / 手绘图 .jpg"，选择工具箱中的【快速选择工具】，将卡通人物的眼睛选中，如图 3-37 所示。

图 3-37

执行【选择】>【修改】>【边界】命令，弹出【边界选区】对话框，如图 3-38 所示，在【宽度】文本框中输入"15"，单击【确定】按钮，得到如图 3-39 所示的效果。

图 3-38　　　　　　　　　　图 3-39

2. 平滑选区

使用【魔棒工具】创建选区的过程中，可以进行平滑选区的操作。

打开"素材 / 第 3 章 / 宠物 .jpg"，如图 3-40 所示，选择工具箱中的【快速选择工具】，选择图像中白色的部分。

图 3-40

执行【选择】>【修改】>【平滑】命令，弹出【平滑选区】对话框，如图 3-41 所示，在【取样半径】文本框中输入"15"，单击【确定】按钮，得到如图 3-42 所示的效果，即将生硬的选区变平滑，同时把没有选中的地方也选中，使整个选区的边缘变得更加平滑。

图 3-41

图 3-42

3. 扩展与收缩选区

打开"素材 / 第 3 章 / 手指 .jpg"，如图 3-43 所示，选择工具箱中的【多边形套索工具】，将图像中的手指选中，如图 3-44 所示。

图 3-43

图 3-44

执行【选择】>【修改】>【扩展】命令，弹出【扩展选区】对话框，如图 3-45 所示，在【扩展量】文本框中输入"15"，单击【确定】按钮，得到如图 3-46 所示的效果。

图 3-45

图 3-46

执行【选择】>【修改】>【收缩】命令，弹出【收缩选区】对话框，如图 3-47 所示，在【收缩量】文本框中输入"30"，单击【确定】按钮，得到如图 3-48 所示的效果。

图 3-47

执行【收缩】命令前　　　　　　　　执行【收缩】命令后

图 3-48

4. 扩大选区

在使用创建选区工具的实际操作中经常会遇到这样一类图像，相同颜色区域在画面中分布在图像的不同位置，而且边缘非常复杂难选。当遇到这种情况时，可以使用【扩大选区】和【选取相似】命令解决此问题。

打开"素材 / 第 3 章 / 花朵 .jpg"，如图 3-49 所示，选择工具箱中的【魔棒工具】，创建选区，如图 3-50 所示。

图 3-49　　　　　　　　　　　　　图 3-50

执行【选择】>【扩大选区】命令，可以根据当前已经创建选区的图像颜色值来扩大选区，如图 3-51 所示。

执行【选择】>【选取相似】命令，可以根据已经选中的图像上所有和原选择范围相近的颜色进行选择，其中包括不相邻区域的相近颜色，如图 3-52 所示。

【扩大选区】命令　　　　　　　　　　【选取相似】命令

图 3-51　　　　　　　　　　　　　图 3-52

5. 羽化

羽化是指通过创建选区和选区周围像素之间的转换来模糊像素的边缘，这种模糊的方法将丢失选区边缘的一些图像细节。

在 Photoshop 中实现羽化效果可以采用两种方法。一是在未创建选区，使用【矩形选框工具】、【椭圆选框工具】、【套索工具】等工具时，在其对应工具选项栏的【羽化】文本框中设置羽化值；二是在已经创建选区的情况下，执行【选择】>【修改】>【羽化】命令，在弹出的【羽化选区】对话框中输入数值，使当前选区具有羽化效果。

> **⚠️ 注意**
>
> 如果选区较小而羽化半径较大，就会弹出一个警告对话框。单击【确定】按钮，表示确认当前设置的羽化半径，这时选区会变得相当模糊，以至于在画面中看不到，但选区仍存在。

6. 焦点区域

使用【焦点区域】命令可以轻松地选择位于焦点中的图像区域或像素。

打开"素材 / 第 3 章 / 花朵 .jpg"，如图 3-53 所示，执行【选择】>【焦点区域】命令，在弹出的【焦点区域】对话框中，调整【焦点对准范围】参数以扩大或缩小选区，如图 3-54 所示。一般情况下，系统会根据图像的对象颜色分布自动判断图像中的焦点部分，然后进行选择。

图 3-53

图 3-54

单击【确定】按钮，图 3-55 所示为默认的系统选择的结果。

图 3-55

若将滑块移动到最左侧，则不会选择整个图像；若将滑块移动到最右侧，则只选择整个图像区域。

注意，使用画笔控制可以在选区中手动添加 或减去 区域，图 3-56 所示为添加和减去的效果对比。

图 3-56

3.3.3　实战案例——使用羽化合成图像

01 打开"素材 / 第 3 章 / 卡通人物 .jpg"和"星空 .jpg"，如图 3-57 所示。

图 3-57

02 选择工具箱中的【椭圆选框工具】，拖曳鼠标创建一个椭圆形选区，如图 3-58 所示；执行【选择】>【修改】>【羽化】命令，在弹出的【羽化选区】对话框中设置【羽化半径】为"30"，如图 3-59 所示，单击【确定】按钮，为选区添加羽化效果。

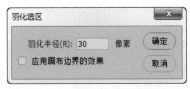

图 3-58　　　　　　　　　　图 3-59

03 执行【编辑】>【拷贝】命令，或按【Ctrl+C】组合键，对选中图像进行复制。

04 切换到"素材 / 第 3 章 / 星空 .jpg"图像，执行【编辑】>【粘贴】命令，或按【Ctrl+V】组合键，得到如图 3-60 所示的效果。

05 粘贴完成后，选择工具箱中的【移动工具】，按【Ctrl+T】组合键，弹出图像缩放定界框，将图像调整到合适大小，然后移动到合适的位置，如图 3-61 所示。

图 3-60   图 3-61

3.3.4 变换选区

变换选区的方法分为两种，一是对已有选区进行缩放、拉伸和旋转等操作；二是对选区的内容进行缩放、拉伸和旋转等操作。

打开"素材 / 第 3 章 / 安卓机器人 .jpg"，使用【魔棒工具】选择图像的中间部分，如图 3-62 所示。

图 3-62

执行【选择】>【变换选区】命令，选区四周出现一个带有调节手柄的矩形，通过拖动调节手柄，可以对选区进行旋转、缩放等操作，按住【Shift】键拖动右下角的调节手柄对选区进行等比例缩小操作，双击或按【Enter】键完成选区变换，如图 3-63 所示。执行【变换选区】命令只改变选区范围，而不影响图像的内容。

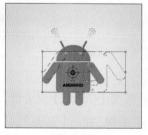

图 3-63

3.3.5　存储和载入选区

1. 存储选区

选择工具箱中的【魔棒工具】，创建一个选区，执行【选择】>【存储选区】命令，弹出【存储选区】对话框，将【名称】设置为"选区 01"，如图 3-64 所示。

图 3-64

【新建通道】：给选区新建一个 Alpha 通道，存储到【通道】面板中。

【添加到通道】：将选区添加到创建的 Alpha 通道中。

【从通道中减去】：将选区从当前的 Alpha 通道中减去。

【与通道交叉】：保留选区与 Alpha 通道中相交的部分，存储到 Alpha 通道中。

2. 载入选区

执行【选择】>【载入选区】命令，弹出【载入选区】对话框，如图 3-65 所示。

图 3-65

【文档】：在该下拉列表中选择当前的图像文件。

【通道】：在该下拉列表中选择要载入的通道。

【反相】：选中此复选框，使未选区域被选择，已选区域取消选择。

【操作】：选择载入选区的操作方式。

【新建选区】：将选择的通道载入图像文件中成为新的选区。

【添加到选区】：将选择的通道与当前选区相加，载入图像文件中成为新的选区。

【从选区中减去】：将选择的通道从当前选区中减去，载入图像文件中成为新的选区。

【与选区交叉】：保留选择的通道与当前选区中相交的部分，载入图像文件中成为新的选区。

3.3.6 实战案例——存储和载入选区操作

在 Photoshop 中创建一个新的选区时，原选区会消失，即无法对原选区进行操作，因此需要将常用的选区保存起来，这样可以随时载入以恢复选区。

01 打开"素材 / 第 3 章 / 小羊 .jpg"，选择工具箱中的【魔棒工具】，单击图像音响中的红色圆圈的区域，创建一个选区，如图 3-66 所示。

图 3-66

02 执行【选择】>【存储选区】命令，在弹出的【存储选区】对话框的【名称】文本框中输入"选区 01"，如图 3-67 所示。

03 单击【确定】按钮，将当前图像的选区存储到通道中，成为新的 Alpha 通道。执行【窗口】>【通道】命令，可以看到【通道】面板中增加了一个新的通道，如图 3-68 所示。

图 3-67   图 3-68

04 执行【选择】>【取消选区】命令，将图像中的选区取消，再次选择工具箱中的【魔棒工具】，选中图像音响中另外一个红色圆圈的区域，如图 3-69 所示。

图 3-69

05 执行【选择】>【载入选区】命令，弹出【载入选区】对话框，可将已存储的选区或 Alpha 通道载入当前图像中，如图 3-70 所示。

图 3-70

3.3.7　实战案例——使用色彩范围替换照片背景

01 打开 "素材 / 第 3 章 / 替换天空 .jpg"，执行【选择】>【色彩范围】命令，弹出【色彩范围】对话框，如图 3-71 所示。

图 3-71

02 在【色彩范围】对话框中设置【颜色容差】为 "32"，单击右侧的【添加到取样】按钮，在预览框中图像的天空位置单击以添加取样，如图 3-72 所示。

图 3-72

03 在图像中单击天空的区域将颜色添加到取样，直至将整个天空的颜色在预览框中设置为白色，并与其他区域形成鲜明的对比，如图 3-73 所示；单击【确定】按钮，创建一个选区，如图 3-74 所示。

图 3-73 图 3-74

04 选择工具箱中的【放大工具】，将图像左下方的区域放大；选择工具箱中的【矩形选框工具】，单击矩形选框工具选项栏中的【从选区减去】 按钮，将图像中左下方生成的选区减去，效果如图 3-75 所示。

图 3-75

05 设置完成后，双击【图层】面板中的背景图层，将背景图层解锁，变成普通图层，如图 3-76 所示；按【Delete】键，将图像选区中的像素删除，按【Ctrl+－】组合键将图像缩小显示，效果如图 3-77 所示。

图 3-76 图 3-77

06 执行【文件】>【置入嵌入对象】命令，在弹出的【置入嵌入的对象】对话框中选择"素材 / 第 3 章 / 油菜花 .jpg"，单击【置入】按钮，将图像置入文档，然后按住【Shift】键拖曳鼠标放大置入的图像，并调整位置，如图 3-78 所示。

图 3-78

07 调整完成后，按【Enter】键确认，执行【图层】>【排列】>【置为底层】命令，如图 3-79 所示，得到最终的图像效果如图 3-80 所示。

图 3-79　　　　　　　　　　　　　　　　图 3-80

08 最后按【Ctrl+S】组合键保存文件，图像制作完成。

3.4　综合案例——设计制作手机 APP 图标

学习目的

　　目前，手机端的应用程序（APP）越来越多，APP 图标成为企业宣传的一个重要标识。本案例通过介绍 APP 图标的制作过程，学习显示网格及选区的使用方法。

知识要点提示

- 创建选区工具。
- 执行【视图】>【显示】子菜单命令显示网格。
- 【存储选区】、【载入选区】命令的应用。

操作步骤

01 打开 Photoshop CC，执行【文件】>【新建】命令，在弹出的【新建文档】对话框中设置参数，如图 3-81 所示。设置完成后单击【创建】按钮，创建一个文件，如图 3-82 所示。

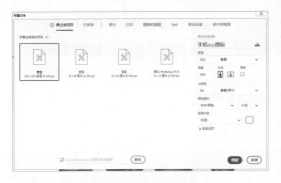 

图 3-81   图 3-82

02 选择工具箱中的【圆角矩形工具】，在圆角矩形工具选项栏中单击【填充】颜色图标 填充：■，选择渐变颜色，如图 3-83 所示，单击其中的渐变颜色条，弹出【渐变编辑器】对话框，如图 3-84 所示。

图 3-83   图 3-84

03 单击【预设】选项组的【前景色到背景色渐变】图标，然后单击颜色渐变条最左侧下方的颜色图标 ，再单击下面的【颜色】色块，弹出【拾色器（色标颜色）】对话框，设置颜色参数如图 3-85 所示，完成后单击【确定】按钮；单击颜色渐变条最右侧下方的颜色图标，重复同样操作，设置颜色参数如图 3-86 所示，完成后单击【确定】按钮。

图 3-85　　　　　　　　　　　图 3-86

04 在图像边角处，按住鼠标左键拖曳鼠标，创建 1 个圆角矩形，一共创建 4 个，效果如图 3-87 所示。

05 执行【窗口】>【属性】命令，在弹出的【属性】面板中将圆角矩形的 4 个圆角【半径数值】都设置为"40 像素"，如图 3-88 所示。

图 3-87　　　　　　　　　　　图 3-88

06 设置完成后，得到的图像效果如图 3-89 所示。单击【图层】面板上的【创建新图层】按钮，在【图层】面板上创建一个新的图层"图层 1"，如图 3-90 所示。

图 3-89　　　　　　　　　　　图 3-90

07 执行【视图】>【显示】>【网格】命令，显示网格线，效果如图 3-91 所示。

08 选择工具箱中的【椭圆选框工具】，按住【Shift】键拖曳鼠标，创建一个圆形选区，效果如图 3-92 所示。

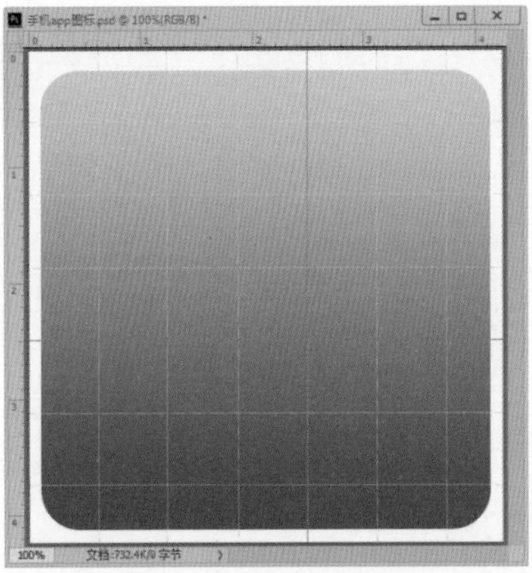

图 3-91 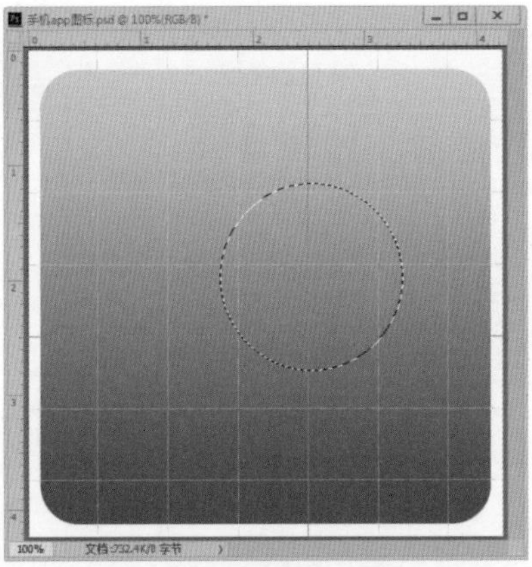 图 3-92

09 执行【选择】>【存储选区】命令，在弹出的【存储选区】对话框中设置参数如图 3-93 所示，单击【确定】按钮，将选区存储。

10 再次选择工具箱中的【椭圆选框工具】，沿着选区下端左侧的水平位置，向右上方拖曳鼠标，然后按住【Shift】键拖曳鼠标，创建一个新的圆形选区，选区面积为原选区的 2/3，创建完成后的效果如图 3-94 所示。

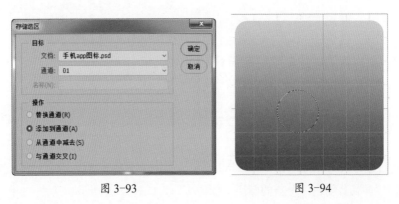

图 3-93 图 3-94

11 执行【选择】>【载入选区】命令，在弹出的【载入选区】对话框中设置参数如图 3-95 所示，单击【确定】按钮，效果如图 3-96 所示。

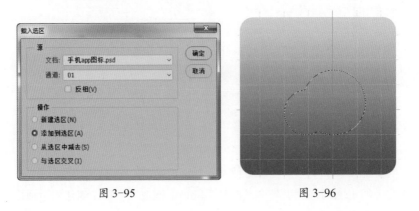

图 3-95 图 3-96

12 执行【选择】>【存储选区】命令,在弹出的【存储选区】对话框中设置参数如图 3-97 所示,
单击【确定】按钮,将选区存储。

13 再次选择工具箱中的【椭圆选框工具】,沿着选区下端右侧的水平位置,向左上方拖曳鼠标,
然后按住【Shift】键拖曳鼠标,创建一个新的圆形选区,选区面积为原选区的 1/2,创建完
成后的效果如图 3-98 所示。

图 3-97   图 3-98

14 执行【选择】>【载入选区】命令,在弹出的【载入选区】对话框中设置参数如图 3-99 所示,
单击【确定】按钮,效果如图 3-100 所示。

图 3-99   图 3-100

15 执行【编辑】>【填充】命令,在弹出的【填充】对话框中设置【内容】为"背景色",其
他保持默认设置,如图 3-101 所示,单击【确定】按钮,效果如图 3-102 所示。

图 3-101   图 3-102

16 单击【图层】面板上的【添加图层样式】按钮 fx.，在弹出的快捷菜单中执行【斜面和浮雕】命令，在【图层样式】对话框的【斜面和浮雕】设置界面中设置参数如图 3-103 所示，单击【确定】按钮，效果如图 3-104 所示。

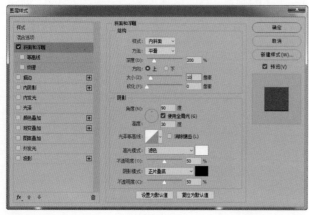

图 3-103   图 3-104

17 按【Ctrl+D】组合键将选区取消，然后单击【图层】面板上的【创建新图层】按钮，创建一个新的图层"图层 2"，如图 3-105 所示。

18 选择工具箱中的【椭圆选框工具】，按住鼠标左键拖曳鼠标，再按住【Shift】键拖曳鼠标创建一个圆形选区，效果如图 3-106 所示。

图 3-105   图 3-106

19 单击工具箱中的【拾色器】按钮，在弹出的【拾色器（前景色）】对话框中设置前景色的颜色数值如图 3-107 所示，单击【确定】按钮。

20 执行【编辑】>【填充】命令，在弹出的【填充】对话框中设置【内容】为"前景色"，其他保持默认设置，单击【确定】按钮，效果如图 3-108 所示。

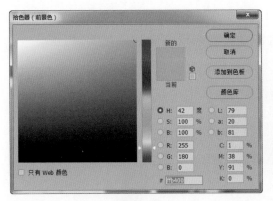

图 3-107　　　　　　　　　　　　图 3-108

21 单击【图层】面板上的【添加图层样式】按钮 *fx*，在弹出的快捷菜单中执行【斜面和浮雕】
命令，在【图层样式】对话框的【斜面和浮雕】设置界面中设置参数如图 3-109 所示，单击【确
定】按钮，效果如图 3-110 所示。

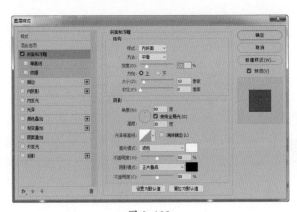

图 3-109　　　　　　　　　　　　图 3-110

22 按【Ctrl+D】组合键将选区取消，选中【图层】面板中的"图层 2"图层，按住鼠标左键将
其拖曳到"图层 1"的下方，如图 3-111 所示，效果如图 3-112 所示。

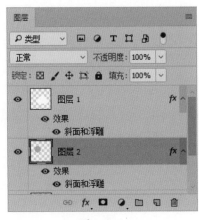

图 3-111　　　　　　　　　　　　图 3-112

23 执行【窗口】>【显示】>【网格】命令，取消显示网格，得到最终的图像效果如图 3-113 所示，按【Ctrl+S】组合键保存文件，APP 图标制作完成。

图 3-113

3.5 本章小结

选区是在 Photoshop 中经常用到的功能，也是 Photoshop 非常重要的功能之一。选区用于指定图像编辑的有效区域，通过创建选区，能对指定区域内的图像进行编辑，这样能保护不需要编辑的图像像素不会受到破坏，同时还可以利用选区合并图像以组合成新的图像。

3.6 本章习题

选择题

（1）如果在现有选区的基础上增加选区，应按住（　　）键。

    A. Shift   B. Ctrl   C. Alt   D. Tab

（2）（　　）可以选择连续的相似颜色的区域。

    A. 矩形选框工具   B. 椭圆选框工具

    C. 魔棒工具   D. 磁性套索工具

（3）在【色彩范围】对话框中，为了调整颜色的范围，应当调整（　　）选项。

    A. 反相   B. 消除锯齿   C. 颜色容差   D. 羽化

（4）按住（　　）键可以保证使用【椭圆选框工具】绘制的是圆形。

    A. Shift   B. Alt   C. Ctrl   D. CapsLock

第4章

绘画与图像修饰

　　绘画与图像修饰是 Photoshop 一个非常重要的功能。通过绘图工具与图像修饰工具，用户能完成图像的修饰及复杂的图像处理工作。同时 Photoshop 还提供颜色选择工具，帮助用户快速准确地选择颜色，完成对图像的编辑以美化图像。

本章学习要点

- ◈ 掌握使用 Photoshop 拾色器为图像设置颜色
- ◈ 掌握使用 Photoshop 各种绘图工具绘制图像
- ◈ 掌握使用 Photoshop 修饰工具修复图像瑕疵

4.1 颜色设置

使用工具箱中的画笔、渐变等工具时，需要先设置它们的颜色，在 Photoshop 中可以通过颜色设置工具来完成。

4.1.1 拾色器

单击工具箱中的【设置前景色】或【设置背景色】图标，弹出不同的【拾色器】对话框，【拾色器（前景色）】对话框如图 4-1 所示。

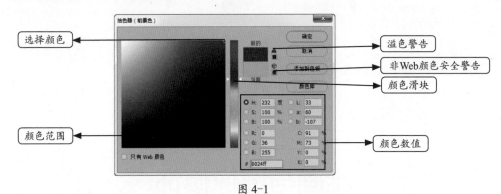

图 4-1

在【拾色器（前景色）】对话框中，可以选择不同的颜色模式来确定颜色，如 RGB、CMYK、Lab 等。

【颜色范围】：提供用于选择的颜色，拖曳【颜色滑块】可以改变当前的颜色范围。

【选择颜色】：在提供的颜色范围内单击可以改变当前所选择的颜色。

【颜色数值】：用于显示当前设置的颜色数值，也可以输入精确的数值定义颜色。

【溢色警告】：用于通知用户显示打印机无法正确打印的颜色设置。

【颜色滑块】：用于调整拾色器中选择颜色的范围，拖动滑块即可以改变。

【非 Web 颜色安全警告】：用于警告当前所设置的颜色不能在网页中正确显示。

4.1.2 前景色和背景色

在 Photoshop 的工具箱中有设置前景色和背景色的图标，如图 4-2 所示。通过拾色器可设置前景色和背景色。前景色决定了当前使用的【钢笔工具】或者【渐变工具】中的使用颜色。背景色决定了使用【橡皮擦工具】擦除图像时所需要的颜色。

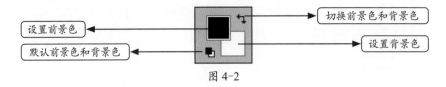

图 4-2

单击【设置前景色】图标，在弹出的【拾色器（前景色）】对话框中，选择需要的颜色，然后单击【确定】按钮，修改前景色完成，如图 4-3 所示。

图 4-3

4.1.3 色板

执行【窗口】>【色板】命令，打开【色板】面板，在【色板】面板中的颜色都是预先设置好的。单击某个颜色，该颜色就设置为前景色，如图 4-4 所示；若按住【Ctrl】键单击某个颜色，则可以将其设置为背景色，如图 4-5 所示。

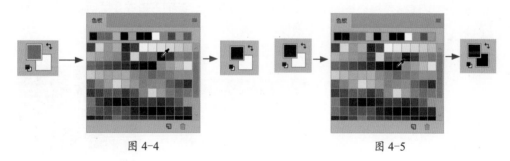

图 4-4   图 4-5

4.1.4 吸管工具

使用【吸管工具】可以将图像中的某个颜色应用于前景色或背景色中。

选择工具箱中的【吸管工具】，在打开的图像中，将光标放到所要选取的颜色上单击，可以将该颜色设置为前景色，如图 4-6 所示。若在单击时按住【Alt】键，则可以将该颜色设置为背景色，如图 4-7 所示。

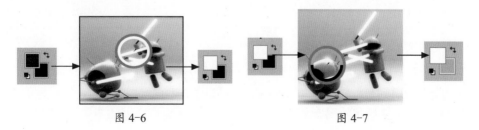

图 4-6   图 4-7

如果在使用绘图工具时需要从图像选择颜色，可以按住【I】键切换到【吸管工具】再选取前景色的颜色。

在吸管工具选项栏中，通过【取样大小】下拉列表可以更改吸管的取样大小。

4.2 填充和描边

填充用于填充图像或选区内的颜色和图案。描边用于为图像或选区调整可见边缘。

4.2.1 填充

填充颜色可以使用【填充】命令和【油漆桶工具】两种方式。

1. 使用【填充】命令

执行【编辑】>【填充】命令可以对图像或选区进行填充。

（1）填充单色

执行【编辑】>【填充】命令，在弹出的【填充】对话框【内容】下拉列表中选择【前景色】、【背景色】和【颜色】选项，用来填充颜色，如图 4-8 所示。选择【颜色】选项，在弹出的对话框中选择要填充的颜色，单击【确定】按钮，返回【填充】对话框如图 4-9 所示，再单击【确定】按钮完成填充操作，如图 4-10 所示。

图 4-8   图 4-9   图 4-10

在【填充】对话框中的【模式】下拉列表中可以设置填充色与图像中颜色的混合模式，该混合模式与图层混合模式相同，不再赘述。

> **ⓘ 技巧**
>
> 　　在填充图像的过程中，如果使用前景色填充，可按【Alt+Delete】组合键；如果使用背景色填充，可按【Ctrl+Delete】组合键。

（2）填充图案

执行【编辑】>【填充】命令，在弹出的【填充】对话框【内容】下拉列表中选择【图案】选项，在【自定图案】列表框中选择填充图案；还可以单击【自定图案】列表框右侧的 ✿- 按钮，在弹出的快捷菜单中选择其他图案替换当前图案，完成图案填充，如图 4-11 所示。

图 4-11

ⓘ 提示

单击 ✿ 按钮，在弹出的快捷菜单中还可以对当前图案进行管理，如复位图案、载入图案、调整图案的缩览图等。

2. 使用【油漆桶工具】

【油漆桶工具】用于填充颜色值与单击像素相似的相邻像素颜色。在图像中若创建了选区，则填充的区域为选区区域；若没有建立选区，则会填充单击处周围的颜色区域。

✦ 注意

【油漆桶工具】不能用于位图颜色模式的图像。

油漆桶工具选项栏用来设置图像的填充方式和参数，如图 4-12 所示。

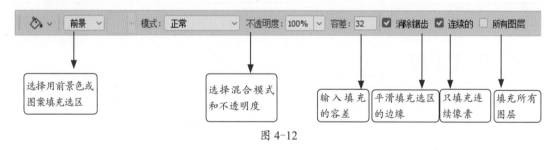

图 4-12

4.2.2 描边

使用【描边】命令可以在选区、路径或图层周围绘制彩色边框。若按此方法创建边框，则该边框将变成当前图层的栅格化部分。

在工具箱中单击【设置前景色】图标，在弹出的【拾色器（前景色）】对话框中设置颜色，如图 4-13 所示。

在图像中创建选区，如图 4-14 所示；执行【编辑】>【描边】命令，弹出【描边】对话框，设置

图 4-13

参数如图 4-15 所示。在【颜色】选项中，默认为前景色，即刚设置的前景色，单击【确定】按钮，效果如图 4-16 所示。

图 4-14　　　　　　　　图 4-15　　　　　　　　图 4-16

在【描边】对话框中可以单击【颜色】选项的色块，在弹出的【选取描边颜色】对话框中选择所需要的描边颜色。

在【位置】选项组中，可以指定在选区或图层边界的内部、外部或中心放置边框。若在图层内填充整个图像，则在图层外部应用的描边将不可见。在【混合】选项组中可以设置描边的混合模式和不透明度。

提示

若创建像叠加一样打开、关闭的形状或图层边框，并对它们消除锯齿用以创建具有柔化边缘的角和边缘，则使用描边图层样式而不是【描边】命令。

4.3　渐变工具

使用【渐变工具】可以创建多种颜色间的逐渐混合。可以从预设渐变填充中选择或创建自己的渐变。在图像中拖动渐变填充区域，起点（按住鼠标左键处）和终点（松开鼠标左键处）会影响渐变外观。

注意

【渐变工具】不能用于位图或索引颜色模式的图像。

4.3.1　渐变工具选项栏

选择工具箱中的【渐变工具】，在渐变工具选项栏中出现渐变工具选项，如图 4-17 所示。

图 4-17

【渐变编辑器】：在【渐变编辑器】对话框中显示当前的渐变颜色和其他渐变颜色，还可以新建或修改其他渐变颜色并进行保存。

【渐变类型】：选择渐变颜色的类型。【线性渐变】以直线从起点渐变到终点；【径向渐变】以圆形图案从起点渐变到终点；【角度渐变】围绕起点以逆时针扫描方式渐变；【对称渐变】使用均衡的线性渐变在起点的任一侧渐变；【菱形渐变】以菱形方式从起点向外渐变，终点定义菱形的一个角。

【模式】：设置渐变时的混合模式。

【不透明度】：设置渐变效果的不透明度。

【反向】：反转渐变填充中的颜色顺序。

【仿色】：用较小的带宽创建较平滑的混合，使渐变的效果更平滑。

【透明区域】：创建包含透明像素的渐变。

4.3.2　渐变编辑器

选择工具箱中的【渐变工具】，双击渐变工具选项栏中的渐变颜色条，弹出【渐变编辑器】对话框，如图 4-18 所示。

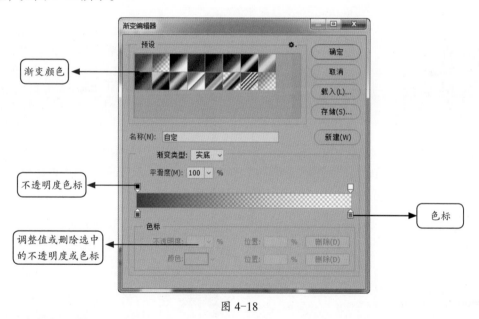

图 4-18

1. 新建渐变颜色

单击【渐变编辑器】对话框中的【新建】按钮，会在【预设】列表框中显示渐变颜色的缩览图，在【名称】文本框中修改名称；或者双击该渐变颜色的缩览图，弹出【渐变名称】对话框，修改渐变颜色的名称，如图 4-19 所示。

图 4-19

2. 编辑渐变颜色

在【渐变编辑器】对话框中，通常根据实际需要修改渐变颜色，方法是添加色标和修改色标的颜色。将光标放到色标滑块上单击，激活色标下面的颜色选项，如图 4-20 所示。双击该色标，在弹出的【拾色器（色标颜色）】对话框中修改色标颜色，如图 4-21 所示。

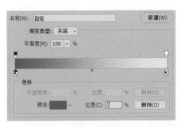
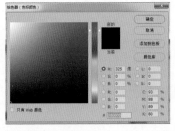

图 4-20   图 4-21

当要创建多个颜色的渐变时，可以通过添加色标的方式来增加渐变条中的颜色。将光标放到渐变条的下方，光标变成 形状，单击添加色标，如图 4-22 所示。双击该色标可以修改其颜色值，图 4-23 所示为添加多个色标所修改的渐变条。

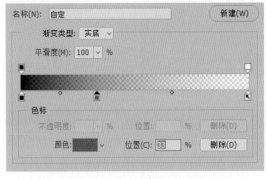

图 4-22   图 4-23

如果要删除某个色标，可单击该色标，再单击下面的【删除】按钮。单击渐变条上面的色标，修改渐变色的不透明度，调整【位置】数值的大小可以改变该色标的位置，如图 4-24

所示。使用同样的方法可以添加多个色标并修改渐变条的不透明度，图 4-25 所示为更改渐变条不透明度的效果。

 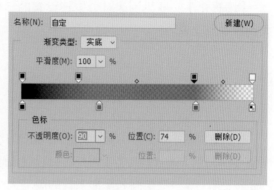

图 4-24　　　　　　　　　　　　　　　　　　图 4-25

3. 存储和载入渐变颜色

存储新建的渐变颜色，单击【存储】按钮，弹出【存储】对话框，可以重命名渐变颜色的名称，单击【确定】按钮即可。

载入存储的渐变颜色，单击【载入】按钮，弹出【载入】对话框，可以载入之前保存的渐变颜色。

4.3.3　杂色渐变

杂色渐变包括在所指定的颜色范围内随机分布的颜色。在【渐变编辑器】对话框中，选择【渐变类型】为【杂色】，如图 4-26 所示。

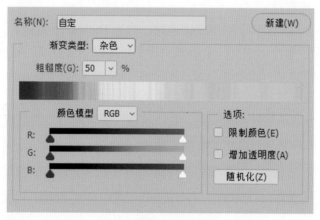

图 4-26

【粗糙度】：控制渐变中的两个色带之间逐渐过渡的方式。

【颜色模型】：更改可以调整的颜色模型。对于每个分量，拖动滑块可以定义可接受值的范围。例如，选取 HSB 颜色模型，可以将渐变限制为蓝绿色调、高饱和度及中等亮度。

【限制颜色】：防止出现过饱和颜色。

【增加透明度】：增加随机颜色的透明度。

【随机化】：随机创建符合上述设置的渐变，单击该按钮可以随机分布渐变杂色，直至找到所需的设置。

4.4 画笔工具与画笔面板

【画笔工具】是 Photoshop 中最常用的绘图工具，而【画笔】面板是 Photoshop 中一个非常重要的面板。通过【画笔】面板可以设置【画笔工具】、【铅笔工具】，以及【减淡工具】、【加深工具】等一些绘画和修饰工具的画笔大小、硬度和笔尖的种类。

4.4.1 画笔工具

【画笔工具】使用前景色绘制线条，还能修改蒙版和通道，图 4-27 所示为画笔工具选项栏。

图 4-27

在画笔工具选项栏中，可以调节画笔的大小、形状和硬度等。

【画笔预设】：单击【画笔预设】右侧的 ▪ 按钮，打开画笔预设选取器，在其中可以选择笔尖，设置画笔的大小和硬度。

【大小】：暂时更改画笔大小。可拖动滑块或输入一个值。若画笔具有双笔尖，则主画笔笔尖和双画笔笔尖都将进行缩放。

【硬度】：更改【画笔工具】的消除锯齿量。若为 100%，【画笔工具】则使用最硬的画笔笔尖绘画，并消除了锯齿。注意，【铅笔工具】始终绘制没有消除锯齿的硬边缘（仅适用于圆形画笔和方头画笔）。

【模式】：设置画笔绘制的线条与其下像素的混合模式。

【不透明度】：设置画笔的不透明度，数值越高，线条的透明度越低。

【流量】：设置光标移动时应用颜色的速率。

【喷枪】：启用喷枪功能。根据鼠标左键的单击数量来确定画笔线条填充的数量。

4.4.2 画笔面板

在【画笔】面板中，可以在【画笔设置】面板中选择预设画笔，还可以修改现有画笔并设计新的自定义画笔。【画笔】面板包含可用于确定如何对图像应用颜色的画笔笔尖选项，如图 4-28 所示。

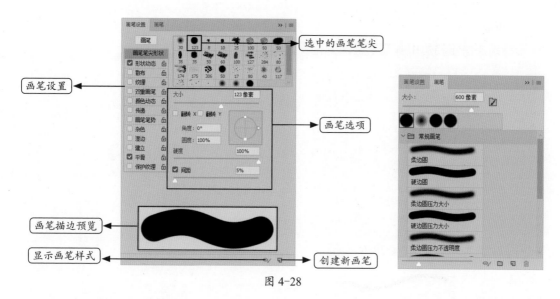

图 4-28

【画笔设置】：选中某选项，在面板的右侧显示该选项设置的详细内容，可用来修改画笔的角度，为其添加纹理、颜色动态等。

【画笔描边预览】：查看所选择的画笔笔尖形状。

【选中的画笔笔尖】：当前所选择的画笔笔尖。

【画笔选项】：调整画笔的参数。

【创建新画笔】：保存修改的画笔，作为一个新的预设画笔。

【显示画笔样式】：在窗口中显示画笔笔尖的样式。

4.4.3　画笔笔尖的种类

在 Photoshop 中，画笔笔尖可分为两种，一是常规的圆形笔尖；二是非常规的特殊笔尖，如图 4-29 所示。

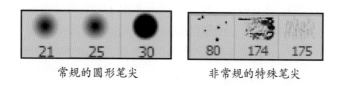

常规的圆形笔尖　　　　非常规的特殊笔尖

图 4-29

圆形笔尖包括实边、柔边和尖角、柔角选项。使用实边和尖角绘制的线条具有清晰的边缘；而柔边和柔角绘制出来的线条，边缘柔和，有淡入淡出的效果。

4.4.4　画笔设置选项

画笔的形状动态决定描边中画笔绘制的笔迹如何变化，使画笔的大小、圆度产生随机变化。

1. 形状动态

形状动态决定描边中画笔笔迹的变化，如图 4-30 所示。

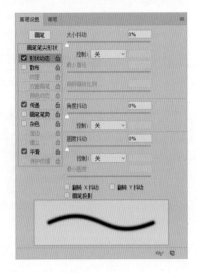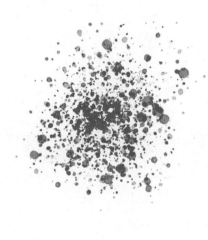

图 4-30

【大小抖动】和【控制】：指定描边中画笔笔迹大小的改变方式。通过输入数字或拖动滑块设置抖动的最大百分比值。

【最小直径】：指定当启用【大小抖动】或【控制】时画笔笔迹可以缩放的最小百分比值。通过输入数字或拖动滑块设置画笔笔尖直径的百分比值。

【倾斜缩放比例】：指定当【控制】设置为【钢笔斜度】时，在旋转前应用于画笔高度的比例。通过输入数字或拖动滑块设置画笔直径的百分比值。

【角度抖动】和【控制】：指定描边中画笔笔迹角度的改变方式。若要设置抖动的最大百分比，则输入 360°。要指定希望如何控制画笔笔迹的角度变化，可在【控制】下拉列表中选择一个选项。【关】选项指定不控制画笔笔迹的角度变化；【渐隐】选项按指定数量的步长在 0°～360° 范围内渐隐画笔笔迹角度；【钢笔压力】、【钢笔斜度】、【钢笔轮】、【旋转】选项依据钢笔压力、钢笔斜度、钢笔拇指轮位置或钢笔的旋转在 0°～360° 范围内改变画笔笔迹的角度；【初始方向】选项使画笔笔迹的角度基于画笔描边的初始方向；【方向】选项使画笔笔迹的角度基于画笔描边的方向。

2. 散布

画笔散布可确定描边中画笔笔迹的数目和位置，如图 4-31 所示。

【散布】和【控制】：指定画笔笔迹在描边中的分布方式。当选中【两轴】复选框时，画笔笔迹按径向分布；当取消选中【两轴】复选框时，画笔笔迹垂直于描边路径分布。若要指定散布的最大百分比，则输入一个 0～100 范围内的值。要指定希望如何控制画笔笔迹的散布变化，可以在【控制】下拉列表中选择一个选项。【关】选项指定不控制画笔笔迹的散布变化；【渐隐】选项按指定数量的步长将画笔笔迹的散布从最大散布渐隐到无散布；【钢笔压力】、【钢笔斜度】、【钢笔轮】、【旋转】选项依据钢笔压力、钢笔斜度、钢笔拇指轮位置或钢笔的旋转来改变画笔笔迹的散布。

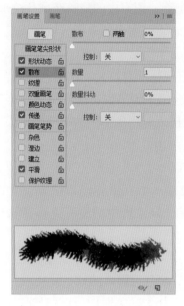

图 4-31

【数量】：指定在每个间距间隔应用的画笔笔迹数量。

【数量抖动】：指定画笔笔迹的数量如何针对各种间距间隔而变化。若要指定在每个间距间隔处涂抹的画笔笔迹的最大百分比，则输入一个值。若要指定希望如何控制画笔笔迹的数量变化，则在【控制】下拉列表中选择一个选项。

3. 纹理

纹理是指利用图案使描边看起来像在带纹理的画布上绘制一样，如图 4-32 所示。

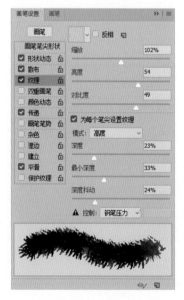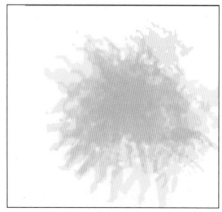

图 4-32

【反相】：基于图案中的色调反转纹理中的亮点和暗点。当选中【反相】复选框时，图案中的最亮区域是纹理中的暗点，因此接收最少的颜色；图案中的最暗区域是纹理中的亮点，因此接收最多的颜色。当取消选中【反相】复选框时，图案中的最亮区域接收最多的颜色；图案中的最暗区域接收最少的颜色。

【缩放】：指定图案的缩放比例。通过输入数字或拖动滑块设置比例。

【为每个笔尖设置纹理】：将选定的纹理单独应用于画笔描边中的每个画笔笔迹，而不作为整体应用于画笔描边（画笔描边由拖动画笔时连续应用的多个画笔笔迹组成）。只有选中此复选框，才能使用【深度】选项。

【模式】：指定用于组合画笔和图案的混合模式。

【深度】：指定颜色渗入纹理中的深度。通过输入数字或拖动滑块来设置比例。若为100%，则纹理中的暗点不接收任何颜色；若为0%，则纹理中的所有点都接收相同数量的颜色，从而隐藏图案。

【最小深度】：指定在将【控制】设置为【渐隐】、【钢笔压力】、【钢笔斜度】或【钢笔轮】，并且选中【为每个笔尖设置纹理】复选框时颜色可渗入的最小深度。

【深度抖动】和【控制】：指定当选中【为每个笔尖设置纹理】复选框时深度的改变方式。若要指定抖动的最大百分比，则输入一个值。要指定希望如何控制画笔笔迹的深度变化，可在【控制】下拉列表中选择一个选项。

4. 双重画笔

双重画笔组合两个笔尖来创建画笔笔迹。将在主画笔的画笔描边内应用第二个画笔纹理，且仅绘制两个画笔描边的交叉区域。在【画笔】面板的画笔笔尖形状部分中设置主要笔尖的选项，如图 4-33 所示。

图 4-33

【模式】：选择从主要笔尖和双重笔尖组合画笔笔迹时要使用的混合模式。

【大小】：指定双笔尖的大小。输入值以像素为单位，或者单击【使用取样大小】按钮来使用画笔笔尖的原始直径（只有当画笔笔尖形状通过采集图像中的像素样本创建时，【使用取样大小】按钮才可用）。

【间距】：指定描边中双笔尖画笔笔迹之间的距离。若更改间距，则通过输入数字或拖动滑块来设置笔尖直径的百分比。

【散布】：指定描边中双笔尖画笔笔迹的分布方式。当选中【两轴】复选框时，双笔尖画笔笔迹按径向分布；当取消选中【两轴】复选框时，双笔尖画笔笔迹垂直于描边路径分布。要指定散布的最大百分比，可通过输入数字或拖动滑块来设置参数。

【数量】：指定在每个间距间隔应用的双笔尖画笔笔迹的数量，可通过输入数字或拖动滑块来设置。

5. 颜色动态

颜色动态决定绘制线条中的颜色、明度、饱和度等颜色的变化方式，如图 4-34 所示。

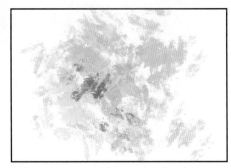

图 4-34

【前景 / 背景抖动】和【控制】：指定前景色和背景色之间的颜色变化方式。要指定颜色可以改变的百分比，可通过输入数字或拖动滑块来设置。要指定希望如何控制画笔笔迹的颜色变化，可在【控制】下拉列表中选择一个选项用来控制前景 / 背景抖动。

【色相抖动】：指定描边中颜色色相可以改变的百分比，可通过输入数字或拖动滑块来设置。较低的值在改变色相的同时保持接近前景色的色相，较高的值则增大色相级别之间的差异。

【饱和度抖动】：指定描边中颜色饱和度可以改变的百分比，可通过输入数字或拖动滑块来设置。较低的值在改变饱和度的同时保持接近前景色的饱和度，较高的值则增大饱和度级别之间的差异。

【亮度抖动】：指定描边中颜色亮度可以改变的百分比，可通过输入数字或拖动滑块来设置。较低的值在改变亮度的同时保持接近前景色的亮度，较高的值则增大亮度级别之间的差异。

【纯度】：增大或减小颜色的饱和度。输入一个数字或拖动滑块设置一个范围在 -100 ～ 100 的百分比值。若该值为 -100，则颜色将完全去色；若该值为 100，则颜色将完全饱和。

6. 传递

传递画笔选项确定颜色在描边路径中的改变方式，如图 4-35 所示。

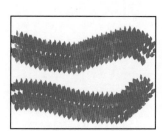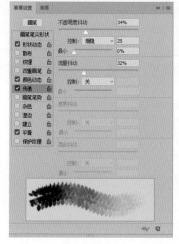

未使用传递画笔　　　　　　　　　　　　　　　　使用传递画笔

图 4-35

【不透明度抖动】和【控制】：指定画笔描边中颜色不透明度如何变化，最高值为工具选项栏中指定的不透明度值。要指定颜色不透明度可以改变的百分比，可通过输入数字或拖动滑块来设置。要指定希望如何控制画笔笔迹的不透明度变化，可在【控制】下拉列表中选择一个选项来控制不透明度抖动。

【流量抖动】和【控制】：指定画笔描边中颜色流量如何变化，最高（但不超过）值为工具选项栏中指定的流量值。要指定颜色流量可以改变的百分比，可通过输入数字或拖动滑块来设置。要指定希望如何控制画笔笔迹的流量变化，可在【控制】下拉列表中选择一个选项来控制流量抖动。

7. 其他画笔选项

【杂色】：为个别画笔笔尖增加额外的随机性。当应用柔边画笔笔尖时，此选项最有效。

【湿边】：沿画笔描边的边缘增大颜色量，从而创建水彩效果。

【平滑】：在画笔描边中生成更平滑的曲线。当使用光标进行快速绘画时，此选项最有效，但是它在描边渲染中可能会轻微滞后。

【保护纹理】：将相同图案和缩放比例应用于具有纹理的所有画笔预设。选择此选项，在使用多个纹理画笔笔尖绘画时，可以模拟一致的画布纹理。

4.4.5 画笔预设

执行【窗口】>【画笔】命令，在工作区右侧会显示【画笔】面板，单击面板右上角的 按钮，弹出【画笔】面板下拉菜单，如图 4-36 所示。

图 4-36

1. 新建画笔预设

用于创建新的画笔预设。新预设的画笔存储在一个首选项文件中。若此文件被删除、损坏，或者将画笔复位到默认库，则新预设的画笔将丢失。如果想永久存储新的预设画笔，可将其存储在库中。

2. 重命名画笔

用于修改画笔的名称。执行【重命名画笔】命令，输入新名称，单击【确定】按钮；或者在【画笔】面板中双击画笔笔尖，输入新名称，单击【确定】按钮，完成重命名操作。

3. 删除画笔

用于删除画笔。在【画笔】面板中，按住【Alt】键并单击要删除的画笔；或选择画笔，然后在【画笔】面板下拉菜单中执行【删除画笔】命令；或单击【删除画笔】按钮，都可以将画笔删除。

4. 载入预设画笔库

要载入预设画笔库，可在【画笔】面板下拉菜单中选择【导入画笔】和【导出选中的画笔】命令。

【导入画笔】：将画笔导入画笔库。

【导出选中的画笔】：将选中的画笔导出进行保存。

也可以使用【预设管理器】命令载入和复位画笔库。

4.5 其他绘图工具

在 Photoshop 中除【画笔工具】外，【铅笔工具】、【历史画笔工具】和【颜色替换工具】

等都属于绘图工具，可用来绘制图和修改图像。

1. 铅笔工具

【铅笔工具】使用前景色绘制线条。它与【画笔工具】的唯一区别是，【铅笔工具】只能绘制边缘硬朗的线条，不能绘制边缘柔化的线条。在铅笔工具选项栏中除增加【自动抹除】复选框外，其他选项与画笔工具选项栏相同。

【自动抹除】：在包含前景色的区域上方绘制背景色，选择要抹除的前景色和要更改为的背景色。

2. 历史画笔工具

（1）历史记录画笔工具

【历史记录画笔工具】对历史记录中的某一步进行抹除，可用来对图像进行局部恢复，如图 4-37 所示。

图 4-37

（2）历史记录艺术画笔工具

【历史记录艺术画笔工具】使用指定历史记录状态或快照中的源数据，以风格化描边进行绘画。可尝试使用不同的绘画样式、大小和容差选项，用不同的颜色和艺术风格模拟绘画的纹理。

与【历史记录画笔工具】一样，【历史记录艺术画笔工具】也将指定的历史记录状态或快照作为源数据。

> **注意**
>
> 　　【历史记录画笔工具】通过重新创建指定的源数据来绘画；而【历史记录艺术画笔工具】在使用这些数据的同时，还使用用户为创建不同的颜色和艺术风格而设置的选项。

图 4-38 所示为历史记录艺术画笔工具选项栏。

图 4-38

【画笔预设】：选择一种画笔，并设置画笔选项。

【模式】：混合模式。

【样式】：控制绘图描边的形状。

【区域】：输入值以指定绘图描边所覆盖的区域。值越大，覆盖的区域越大，描边的数量越多。

【容差】：输入值以指定可应用绘图描边的区域。低容差可用于在图像中的任何地方绘制无数条描边；高容差将绘图描边限定在与源状态或快照中的颜色明显不同的区域。

3. 颜色替换工具

【颜色替换工具】用于替换图像中的颜色，可以将前景色的颜色替换到图像中，但该工具不能应用于位图、索引或多通道颜色模式的图像。图 4-39 所示为使用【颜色替换工具】实现的图像效果。

图 4-39

4. 混合器画笔工具

【混合器画笔工具】可以模拟真实的绘画技术，如混合画布上的颜色、组合画笔上的颜色及在描边过程中不同的绘画湿度。【混合器画笔工具】有两个绘画色管：储槽和拾取器。储槽存储最终应用于画布的颜色，并且具有较多的颜色容量；拾取器接收来自画布的颜色，其内容与画布颜色是连续混合的。图 4-40 所示为使用【混合器画笔工具】实现的图像效果。

图 4-40

在混合器画笔工具选项栏中，可以修改一些选项和数值来改变绘画的效果。

【有用的混合画笔组合】：应用流行的"潮湿""干燥"和"混合"设置组合。

【潮湿】：控制画笔从画布拾取的颜色量。较高的设置会产生较长的绘画条痕。

【混合】：控制画布颜色量同储槽颜色量的比例。当比例为 100% 时，所有颜色将从画布中拾取；当比例为 0 时，所有颜色都来自储槽。

> **⊘ 注意**
>
> 【潮湿】设置仍然会决定颜色在画布上的混合模式。

【对所有图层取样】：拾取所有可见图层中的画布颜色。

4.6 图像修饰工具

Photoshop 提供了多种图像修饰工具，如仿制图章工具、图案图章工具、修复画笔工具、修补工具和红眼工具等，它们都能用于修补图像中的污点和瑕疵。

4.6.1 仿制图章工具

【仿制图章工具】是指将图像的一部分绘制到同一个图像的另一部分，或绘制到任何打开的具有相同颜色模式的文档另一部分，也可以将一个图层的一部分绘制到另一个图层。【仿制图章工具】有助于复制对象或移去图像中的缺陷。

要使用【仿制图章工具】，可从当前图像复制像素的区域上，按住【Alt】键并单击鼠标左键来设置取样点，然后在需要修改的图像区域上单击鼠标左键绘制，如图 4-41 所示。要在每次停止并重新开始绘制时使用最新的取样点进行绘制，可选中【对齐】复选框，此时会对像素连续取样，而不会丢失当前的取样点；取消选中【对齐】复选框将从初始取样点开始绘制，而与停止并重新开始绘制的次数无关。【不透明度】和【流量】可以控制对仿制区域应用绘制的方式。

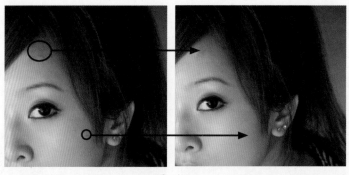

图 4-41

4.6.2 图案图章工具

【图案图章工具】是指利用 Photoshop 提供的各种图案或自定义图案进行绘图，如图 4-42 所示。

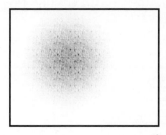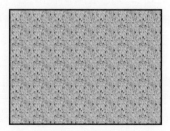

图 4-42

4.6.3 修复画笔工具

【修复画笔工具】可用于校正瑕疵，使它们消失在周围的像素中。与【仿制图章工具】一样，使用【修复画笔工具】可以利用图像或图案中的样本像素来绘画。【修复画笔工具】还可以将样本像素的纹理、光照、透明度和阴影与所修复的像素进行匹配，从而使修复后的像素不留痕迹地融入图像的其余部分。

在修复画笔工具选项栏中可以通过修改选项来调整画笔，如图 4-43 所示。

图 4-43

【模式】：指定混合模式。选择【替换】选项可以在使用柔边画笔时，保留画笔描边边缘处的杂色、胶片颗粒和纹理。

【源】：指定用于修复像素的源。【取样】可以使用当前图像的像素；【图案】可以使用某个图案的像素。如果选择【图案】单选按钮，可在【图案】下拉菜单中选择一个图案。

【对齐】：选中该复选框，连续对像素进行取样，即使松开鼠标左键，也不会丢失当前取样点。若取消选中【对齐】复选框，则在每次停止并重新开始绘制时使用初始取样点中的样本像素。

【样本】：从指定的图层中进行数据取样。要从现有图层及其下方的可见图层中取样，可选择【当前和下方图层】选项；要仅从现有图层中取样，可选择【当前图层】选项；要从所有可见图层中取样，可选择【所有图层】选项；要从调整图层以外的所有可见图层中取样，可选择【所有图层】选项，然后单击【样本】下拉列表右侧的【忽略调整图层】按钮。

图 4-44 所示为使用【修复画笔工具】修复图像的效果。

图 4-44

4.6.4 污点修复画笔工具

【污点修复画笔工具】可以快速去除图像中的污点和其他不理想的部分。【污点修复画笔工具】的工作方式与【修复画笔工具】类似，它使用图像或图案中的样本像素进行绘画，并将样本像素的纹理、光照、透明度和阴影与所修复的像素相匹配。与【修复画笔工具】不同之处是【污点修复画笔工具】不要求用户指定样本点，而自动从所修饰区域的周围取样。

在污点修复画笔工具选项栏中可以通过更改参数来调整画笔，如图 4-45 所示。

图 4-45

> **注意**
>
> 在使用污点修复画笔工具时，选择一种比要修复的区域稍大一点的画笔最为适合，因为这样只需单击一次即可覆盖整个区域。

【模式】：选择混合模式。选择【替换】选项可以在使用柔边画笔时，保留画笔描边的边缘处的杂色、胶片颗粒和纹理。

【类型】：修改污点修复画笔工具的修复方式。

【近似匹配】：使用选区边缘周围的像素，找到要修补的区域。

【创建纹理】：使用选区中的像素创建纹理。如果纹理不起作用，可尝试再次拖过该区域。

【内容识别】：比较附近的图像内容，不留痕迹地填充选区，同时保留让图像栩栩如生的关键细节，如阴影和对象边缘等。

使用【污点修复画笔工具】修改图像的局部内容，效果如图 4-46 所示。

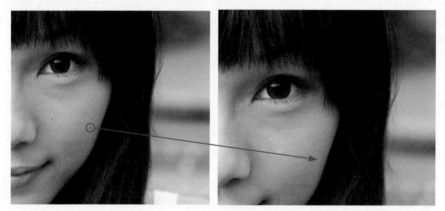

图 4-46

4.6.5 修补工具与红眼工具

【修补工具】可以使用其他区域或图案中的像素来修复选中的区域。与【修复画笔工具】一样，【修补工具】会将样本像素的纹理、光照和阴影与源像素进行匹配。使用【修补工具】还可以仿制图像的隔离区域。

> **注意**
>
> 【修补工具】可以处理 8 位 / 通道或 16 位 / 通道的图像。

【红眼工具】可以去除人物或动物的闪光照片中的红眼。在红眼工具选项栏中，【瞳孔大小】可以增大或减小受红眼工具影响的区域，【变暗量】用来设置校正的暗度。

4.6.6 减淡工具与加深工具

【减淡工具】和【加深工具】基于调节照片特定区域曝光度的传统摄影技术，使图像区域变亮或变暗。摄影师可遮挡光线使照片中的某个区域变亮（减淡），或增加曝光度使照片中的某些区域变暗（加深）。使用【减淡工具】或【加深工具】在某区域上绘制的次数越多，该区域会变得越亮或越暗。

在相应的工具选项栏中，可以通过【范围】下拉列表来确定要修改的区域。【中间调】更改灰色的中间范围，【阴影】更改暗区域，【高光】更改亮区域。

图 4-47 所示为使用【减淡工具】和【加深工具】修改图像的效果。

原图　　　　　　　　　　减淡　　　　　　　　　　加深

图 4-47

4.6.7　模糊工具与锐化工具

【模糊工具】可柔化硬边缘或减少图像中的细节。使用此工具在某区域上绘制的次数越多，该区域越模糊。

【锐化工具】用于增加边缘的对比度以增强外观上的锐化程度。使用此工具在某区域上绘制的次数越多，增强的锐化效果越明显。

图 4-48 所示为使用【模糊工具】和【锐化工具】修改图像的效果。

原图　　　　　　　　　　模糊　　　　　　　　　　锐化

图 4-48

4.6.8　涂抹工具与海绵工具

【涂抹工具】用于模拟将手指拖过湿油漆时所看到的效果。该工具可拾取描边开始位置的颜色，并沿拖动的方向展开这种颜色，效果如图 4-49 所示。

【海绵工具】用于修改图像的颜色饱和度，效果如图 4-50 所示。

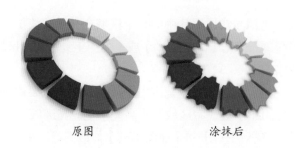

原图　　　　　　　　　涂抹后

图 4-49

原图　　　　　　　　　提高饱和度　　　　　　　　　降低饱和度

图 4-50

4.6.9　实战案例——人物面部修图

01 启动 Photoshop CC，执行【文件】>【打开】命令，打开"素材 / 第 4 章 / 人物修图 .jpg"图像文件，如图 4-51 所示。

02 选择【背景】图层，将其拖曳到【图层】面板的【创建新图层】按钮上，创建一个副本图层，如图 4-52 所示。

03 选择工具箱中的【污点画笔修复工具】，在污点画笔修复工具选项栏中设置【类型】为【近似匹配】，分别在图像中人物的面部和背部部分单击以去除面部和背部的小疙瘩，效果如图 4-53 所示。

图 4-51　　　　　　　　　图 4-52　　　　　　　　　图 4-53

04 选择工具箱中的【套索工具】，在人物的面部创建一个选区，如图 4-54 所示；执行【选择】>

【修改】>【羽化】命令，设置【羽化选区】对话框中的【羽化半径】为 "5"，单击【确定】按钮，如图 4-55 所示。

05 执行【滤镜】>【模糊】>【高斯模糊】命令，弹出【高斯模糊】对话框，设置参数如图 4-56 所示，单击【确定】按钮，效果如图 4-57 所示。

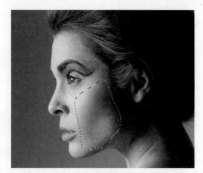

图 4-54   图 4-55

06 执行【滤镜】>【锐化】>【USM 锐化】命令，弹出【USM 锐化】对话框，设置参数如图 4-58 所示，单击【确定】按钮，效果如图 4-59 所示。

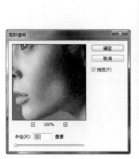   

图 4-56   图 4-57   图 4-58   图 4-59

07 执行【文件】>【保存】命令，在弹出的【保存】对话框中将文件保存为 JPEG 格式。

4.7 图像擦除工具

图像擦除工具用于擦除图像，包括【橡皮擦工具】、【魔术橡皮擦工具】和【背景橡皮擦工具】。

4.7.1 橡皮擦工具

【橡皮擦工具】用于擦除图像，可将像素更改为背景色或透明。如果正在背景或已锁定透明度的图层中工作，像素将更改为背景色；否则，像素将被抹成透明。

在橡皮擦工具选项栏中，可将【模式】设置为【画笔】、【铅笔】和【块】。【画笔】和【铅笔】模式可将橡皮擦设置为像画笔和铅笔一样工作；【块】模式是指设置为具有硬边缘和固定大小的方形，并且不提供用于更改不透明度或流量的选项。

【不透明度】和【流量】选项用于设置擦除图像的程度。

图 4-60 所示为使用【橡皮擦工具】擦除图像的效果。

图 4-60

4.7.2 魔术橡皮擦工具

使用【魔术橡皮擦工具】单击图层，该工具会将所有相似的像素更改为透明。如果在已锁定透明度的图层中工作，这些像素将更改为背景色。若在背景中单击，则将背景转换为图层并将所有相似的像素更改为透明。可以选择在当前图层上是只抹除邻近的像素，还是抹除所有相似的像素，如图 4-61 所示。

图 4-61

4.7.3 背景橡皮擦工具

【背景橡皮擦工具】可将拖曳鼠标经过的图层上的像素抹成透明，从而可以在抹除背景的同时在前景中保留对象的边缘。通过选择不同的取样和容差选项可以控制透明度的范围和边界的锐化程度。图 4-62 所示为使用【背景橡皮擦工具】擦除图像的效果。

图 4-62

4.8　综合案例——人物面部细节处理

学习目的

通过对人物脸部的修复处理操作，掌握图像修饰工具的使用方法。

知识要点提示

- 【仿制图章工具】的取样点取样方法。
- 【污点修复画笔工具】的使用方法。

操作步骤

01 打开 Photoshop CC 软件，执行【文件】>【打开】命令，弹出【打开】对话框，打开"素材 / 第 4 章 / 局部修图素材"图像文件，在【图层】面板中选中【背景】图层，然后将其拖曳到【图层】面板下方的【创建新图层】按钮上，创建一个【背景拷贝】图层，如图 4-63 所示。

图 4-63

02 选中复制的【背景拷贝】图层，执行【图像】>【调整】>【曲线】命令，在弹出的【曲线】对话框中设置参数如图 4-64 所示，设置完成后，得到如图 4-65 所示的图像效果。

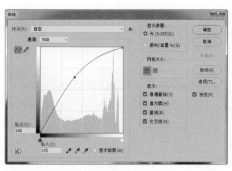

图 4-64   图 4-65

03 选择工具箱中的【仿制图章工具】，在仿制图章工具选项栏中设置【不透明度】为 "60%"，【流量】为 "60%"，设置完成后在如图 4-66 所示的位置按住【Alt】键单击设置一个取样点，然后单击鼠标左键依次修复图像，得到最终如图 4-67 所示的效果。

图 4-66   图 4-67

04 再次使用工具箱中的【仿制图章工具】，保持前面设置的参数不变，在如图 4-68 所示的位置按住【Alt】键单击设置一个取样点，然后单击鼠标左键依次修复图像，得到最终如图 4-69 所示的效果。

图 4-68   图 4-69

05 再次使用工具箱中的【仿制图章工具】，保持前面设置的参数不变，在如图 4-70 所示的位置按住【Alt】键单击设置一个取样点，然后单击鼠标左键依次修复图像，得到最终如图 4-71 所示的效果。

图 4-70　　　　　　　　　　　　　　图 4-71

06 再次使用工具箱中的【仿制图章工具】，在仿制图章工具选项栏中设置【不透明度】为"60%"，【流量】为"55%"，在如图 4-72 所示的位置按住【Alt】键单击设置一个取样点，然后单击鼠标左键依次修复图像，得到最终如图 4-73 所示的效果。

图 4-72　　　　　　　　　　　　　　图 4-73

07 再次使用工具箱中的【仿制图章工具】，在仿制图章工具选项栏中设置【不透明度】为"60%"，【流量】为"55%"，在如图 4-74 所示的位置按住【Alt】键单击设置一个取样点，然后单击鼠标左键依次修复图像，得到最终如图 4-75 所示的效果。

图 4-74　　　　　　　　　　　　　　图 4-75

08 再次选择工具箱中的【仿制图章工具】，在仿制图章工具选项栏中设置【不透明度】为"65%"，【流量】为"70%"，设置完成后在如图 4-76 所示的位置按住【Alt】键单击设置一个取样点，然后单击鼠标左键依次修复图像，得到最终如图 4-77 所示的效果。

图 4-76   图 4-77

09 选择工具箱中的【模糊工具】，在模糊工具箱选项栏中设置【强度】为"55%"，设置完成后将图像面部边缘的茸毛部分进行模糊处理，对比效果如图 4-78 所示。

图 4-78

10 选择工具箱中的【污点修复画笔工具】，在污点修复画笔工具选项栏中设置【类型】为"内容识别"，然后将右侧头发边缘的碎发进行修复，将其擦除，对比效果如图 4-79 所示。

图 4-79

11 执行【滤镜】>【液化】命令，在弹出的【液化】对话框中选择【脸部工具】，单击窗口左下角的【放大图像】按钮⊞，将图像放大到如图 4-80 所示的大小。

图 4-80

12 选中头像的左侧眼睛，在显示控制框上选择上面的控制点，然后按住鼠标左键向上拖曳，将眼睛放大，效果如图 4-81 所示，调整完成后单击【确定】按钮。

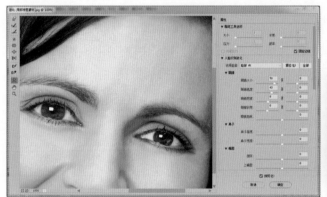

图4-81

13 选中头像的右侧眼睛，在显示控制框上选择上面的控制点，然后按住鼠标左键向上拖曳，将眼睛放大，效果如图 4-82 所示，调整完成后单击【确定】按钮。

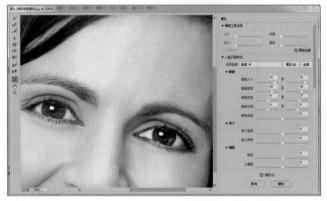

图 4-82

14 执行【文件】>【存储为】命令，弹出【另存为】对话框，设置保存路径，将文件保存为 JPEG 格式图片。图像处理前后效果对比如图 4-83 所示。

图 4-83

4.9 本章小结

本章主要介绍 Photoshop 的绘画与图像修饰工具及其使用方法，让用户在修饰图像的过程中，能真实模仿绘画中的笔触，同时学会对日常生活中所拍摄的数码照片进行简单的修饰、调整及美化的方法。

4.10 本章习题

操作题

对图 4-84 所示的照片中人物面部的雀斑进行修复，并对人物的皮肤进行处理，使其看起来比较细腻光滑。

图 4-84

第 5 章

色 彩 调 整

Photoshop 在图像色彩调整方面的功能非常强大。Photoshop 提供了大量的色彩调整工具，可以用于处理日常拍摄的数码照片，还可以用来完成商业图像的颜色校对。本章详细介绍 Photoshop 的色彩调整相关知识。

本章学习要点

- 💧 掌握色彩理论知识
- 💧 常用颜色模式的原理
- 💧 色阶、曲线等常用色彩调整命令的应用方法

5.1 色彩基础知识

色彩是设计工作中一个非常重要的元素，Photoshop 提供了非常强大的色彩调整功能，使用色彩调整命令可以帮助设计师设计出更好的作品。设计师在工作的过程中不仅要掌握色彩调整命令的用法，还应掌握色彩基础知识，这样才能顺利地完成设计工作。

5.1.1 大脑和视觉中的颜色

颜色的形成是指人的大脑对不同频率光波的感知。光波也是电磁波，太阳光中包含从低频到高频的所有电磁波，频率越高的光波波长越短，频率越低的光波波长越长。人眼只能看到 380 ～ 780nm 之间的光波，这段波长的光称为可见光，根据波长长短排序依次为红、橙、黄、绿、青、蓝、紫，如图 5-1 所示。

图 5-1

颜色的形成是 3 个因素共同作用的结果：人、物体和光源。光源（如太阳光）发光照射到物体上，物体吸收部分光，其余的光反射到人眼里，人就对反射到眼里的光产生颜色的感觉。

科学研究表明，人眼的视网膜上分布着分别感应红绿蓝三色光的锥体细胞，此外还分布着在弱光环境下提供视觉的杆体细胞。光线进入人眼刺激锥体细胞，锥体细胞收集的光信号被神经元转换为 3 组对抗信号，分别是亮－暗、黄－蓝、红－绿，如图 5-2 所示。人们在研究红绿蓝三色光的同时，还发现红绿蓝三色光可以混合出大部分的色光，如红＋绿＝黄、红＋蓝＝洋红、蓝＋绿＝青、红＋绿＋蓝＝白，因此可以认为太阳光由红绿蓝三色叠加而成，如图 5-3 所示。

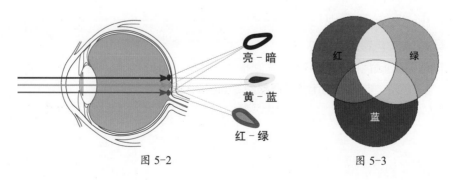

图 5-2   图 5-3

可以认为颜色是客观的,有光和物体人们才能看到颜色;也可以认为颜色是主观的,因为对颜色的感受因人而异。颜色分为无色和彩色,无色是从白色过渡到黑色的所有灰色,彩色是除黑白灰外的各种颜色。颜色的 3 个属性包括色相、明度和饱和度,如图 5-4 所示。色相是指各类颜色的名称,也是人对不同波长光产生的视觉感受,如红色、绿色、蓝色等,需要注意的是,无色没有色相。饱和度是指颜色的纯度,即颜色鲜艳程度,某个颜色中纯度越高,包含其他的颜色就越少,颜色越鲜艳。明度是指颜色的明暗程度,即物体反射光的强度,同一物体在不同的光源下,较亮的光源比较暗的光源反射强度高,因此在同一光源下的不同物体,反射光多的比反射光少的显得亮,如图 5-5 所示。

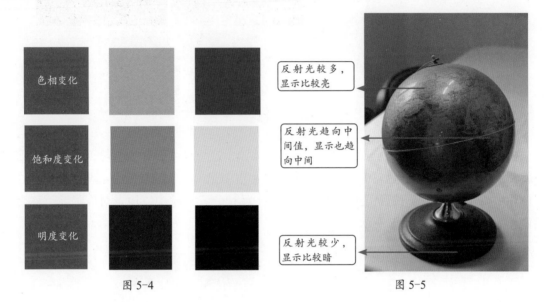

图 5-4

图 5-5

5.1.2 计算机中的颜色

在描述颜色的时候通常只能模糊定义颜色,如蔚蓝的天空、碧绿的湖水等。为了更加精确地定义颜色,人们设计了多种描述颜色的颜色模型使颜色数据化,如 RGB、CMYK、Lab 等。每种颜色模型都有一个颜色范围,即形成了一个色彩空间(色域),在色彩空间中不同位置分别对应一个颜色。在计算机中使用某种颜色模型来定义颜色。

Lab 颜色模型是基于人们对颜色的感觉建立的模型,所有颜色在该模型中都有对应位置,因此该模型的色域是最大的。L 表示明度即颜色明暗变化,a 表示红绿对抗色,b 表示黄蓝对抗色。L 取值范围为 0 ～ 100(纯黑 - 纯白),a 取值范围为 -128 ～ +127(绿 - 洋红),b 取值范围为 -128 ～ +127(蓝 - 黄),正为暖色,负为冷色,如图 5-6 所示。计算机中 Lab 颜色模式图像的通道拆分为 L 通道、a 通道、b 通道,由于该模式将图像明暗与颜色拆分,所以利用该特点调整某些图像的颜色可以得到很好的效果,如图 5-7 所示。

RGB 颜色模型是基于光源的混合叠加所产生的,其色域比 Lab 的小。RGB 分别表示红绿蓝三色光,应用该模型的图像颜色模式称为 RGB 颜色模式,图像中的所有颜色都是由这

3 种颜色混合得到的。当增加这三色光的含量，图像的颜色会越来越亮，因此该颜色模式称为色光加色模式，RGB 也称为色光的三原色，RGB 三色光的取值范围都为 0 ～ 255，共 256个级别的数值，0 表示黑色即没有光，255 表示光强度最大即显示为白色。RGB 颜色模式的图像通道拆分为红通道、绿通道和蓝通道。

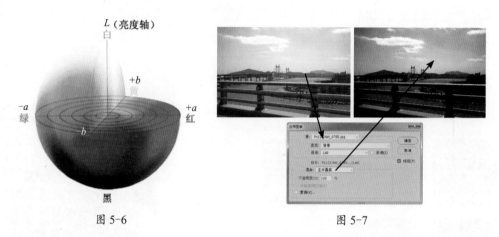

图 5-6   图 5-7

将 RGB 颜色模型横向剖开可以得到一个横截面，这个横截面称为色轮，在色轮中沿圆心旋转表示色相的变化，色轮的半径方向表示饱和度变化，色轮的轴向表示明暗变化。红色在色轮中的 0°（360°）位置，黄色为 60°，绿色为 120°，色轮中以原点对应的颜色称为相反色（互补色），如图 5-8 所示。

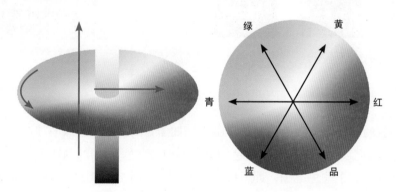

图 5-8

CMYK 颜色模型是基于印刷油墨合成效果建立的颜色模型，其色域比 RGB 的小。应用该模型的图像颜色模式称为 CMYK 颜色模式，CMYK 分别表示青、品（洋红）、黄、黑。CMY 称为色料三原色，图像中的所有颜色都由这 3 种颜色混合得到，当逐渐增加这 3 种颜色油墨墨量，油墨吸收的光也逐渐增多，反射的光变少，于是颜色逐渐变暗，因此该颜色模式称为色料减色模式。理论上当 3 种颜色油墨墨量达到最大时显示为黑色，但由于受油墨纯度等因素的影响，只能得到棕褐色，因此为了得到更好的印刷效果，在 CMY 的基础上添加了黑色，如图 5-9 所示。CMYK 颜色模式的图像通道拆分为青通道、洋红通道、黄通道和黑通道，如图 5-10 所示，4 种颜色的取值范围都为 0 ～ 100，数值越大，表示墨量越多。

图 5-9   图 5-10

5.1.3 图像颜色模式

在【图像】>【模式】子菜单中有多个颜色模式可供选择，在文件标题栏上会显示图像当前使用的颜色模式，根据需要可以转换为其他颜色模式。

> **注意**
>
> 只有灰度颜色模式的图像才能直接转换为双色调颜色模式和位图颜色模式。

RGB 颜色模式的图像主要用于在显示设备中显示，如计算机显示器、数码相机等设备。CMYK 颜色模式用于印刷，计算机显示器显示该模式的图像仅是模拟印刷效果，显示效果与印刷效果会有差别，因此在调整用于印刷的图像颜色时，要考虑到它们之间的差异。Lab 颜色模式色域最大，因此使用该颜色模式的图像颜色最丰富，Lab 颜色模式也是中转模式。

> **提示**
>
> 在 RGB 颜色模式与 CMYK 颜色模式图像互相转换时，都先转为 Lab 颜色模式，只是这个转换过程用户察觉不到。由于 RGB 颜色模式和 CMYK 颜色模式的转换会造成颜色损失，所以在处理图像时，应尽量避免多次转换颜色模式。

灰度颜色模式的图像可以直接转成位图颜色模式，位图颜色模式的图像只有黑白两色，没有中间的灰色，因此位图颜色模式也常常用于印刷一些颜色单一的图像，如企业 Logo、毛笔字等。

下面以一张图像为例对位图颜色模式进行介绍。网站下载的图像文档尺寸通常较小，若使用钢笔抠选工作量太大，直接将图像尺寸放大则图像会发虚，因此将图像颜色模式转换为位图颜色模式是比较好的方法。

将图像转换成位图颜色模式时，在弹出的【位图】对话框中按图 5-11 所示设置参数，设置完成后虽然图像的尺寸被强行放大，但边缘是清晰的，这样就相对地保证了图像的质量，如图 5-12 所示。

图 5-11   图 5-12

> ⓘ **提示**
>
> 　　在【位图】对话框中的【输出】文本框中，设置的分辨率越高，图像的尺寸越大，图像的质量越差，因此如果原图的尺寸太小，此方法就不适用。具体的参数应根据实际需要进行设置。

　　双色调颜色模式可由灰度颜色模式直接转换得到，常用于印刷，包括"单色调"、"双色调"、"三色调"和"四色调"4 种类型。该颜色模式可以得到几种油墨混合叠加的效果，如图 5-13 所示。

　　在【双色调选项】对话框的【类型】下拉列表中可以设置油墨的种类，如选择【双色调】选项，下方的两个油墨被激活，然后可以根据需要设置该油墨参数。

图 5-13

　　索引颜色模式的图像通常用于网络显示，如制作网页时可将图像转换为该颜色模式。索引颜色模式最多只有 256 种颜色，颜色的种类少则文档体积小，很适合网络传播，并且该颜色模式的图像还可制作成动画，如图 5-14 所示。

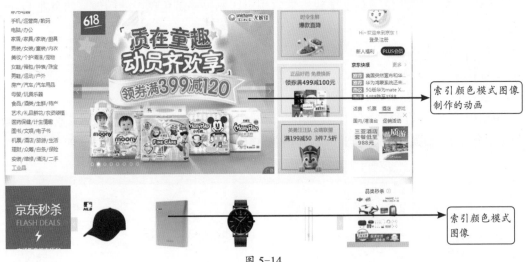

图 5-14

多通道颜色模式也可用于印刷，当将图像从其他颜色模式转换为该颜色模式时，图像文件将根据原颜色模式的通道转换成一个或多个专色通道。

5.2 图像色彩调整

Photoshop 中提供了很多命令用于色彩调整，如色阶、曲线、色相、饱和度等，合理使用这些命令可以使图像的色彩更符合设计要求。

5.2.1 图像质量三要素

图像质量，尤其是用于印刷的图像质量，评判其优良的标准主要包括 3 个方面：层次、清晰度和色彩。正确地判断和处理图像的这 3 个要素，才能精确地控制图像的质量，印刷是一个精细的色彩还原过程，只有前期图像的质量达到印刷要求，才能得到高质量的印刷品。

1. 图像的层次

图像的层次是指图像从明到暗的灰度级别，图像的层次越丰富，其细节越多，质量就越高。图像获取设备是层次多少的决定因素，层次无法使用软件获取，如专业数码相机比普通相机获取的层次多，高端扫描仪比低端扫描仪获取的层次多；在图像的获取过程中，操作人员的专业技能也会影响层次获取的多少，如图 5-15 所示。

任何对图像色彩的调整，都或多或少地会破坏原图的层次。在调整时需注意观察图像的层次变化，尤其是图像的暗调区域和亮调区域的层次，应尽可能保留图像的原始层次，如图 5-16 所示。

图 5-15

图 5-16

2. 图像的清晰度

图像的清晰度是指图像的清晰程度，即图像的边缘与背景环境分界是否明显。使用 Photoshop 可以有效改善图像的清晰度，但在调整清晰度的过程中也会造成图像层次损失。

调整图像的清晰度有以下 3 种方法。

（1）直接锐化法

保持图像的原始颜色模式，使用锐化滤镜直接对图像进行锐化处理，如使用【USM 锐化】

滤镜处理图像，如图 5-17 所示。

图 5-17

（2）锐化明度通道法

将图像的颜色模式转换成 Lab 颜色模式，然后选中明度通道，再使用【USM 锐化】滤镜将明度通道锐化，最后将颜色模式转换为需要的即可，如图 5-18 所示。由于锐化的只是图像的色阶，没有破坏原图的颜色，所以该方法得到的锐化效果较好。

图 5-18

（3）图层叠加法

将图像复制一个同样的图层，按【Ctrl+Shift+U】组合键将其去色，然后使用【高反差保留】滤镜处理图像，最后将图层混合模式设置为【叠加】，如图 5-19 所示。如果锐化效果不明显，可以将叠加图层多复制几个；如果对锐化效果不满意，可以直接将叠加图层删除。这种方法没有破坏原始图像，图像处理更加便捷，因此该方法是图像锐化中最好的方法。

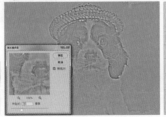

图 5-19

3. 图像的色彩

使用 Photoshop 可以任意修改图像的色彩，用户可根据个人喜好和客户要求，合理地使用调整命令来编辑图像色彩，如图 5-20 所示。

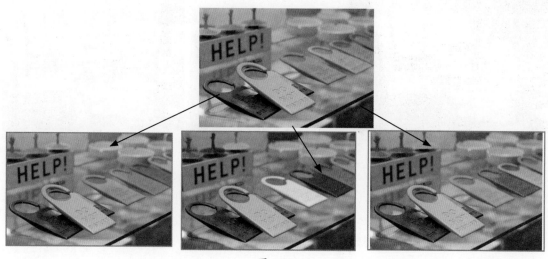

图 5-20

5.2.2　色彩调整命令

在【图像】>【调整】子菜单中有 5 组色彩调整命令，都能对图像的色彩进行编辑，最常用是【色阶】、【曲线】和【色相 / 饱和度】命令。调整图像的色彩主要是对图像的影调和色相进行调整，影调也称为色阶或阶调，是指图像从亮到暗的变化。

1. 亮度 / 对比度

【亮度 / 对比度】命令可以调整图像的明暗变化和明暗对比，在【亮度 / 对比度】对话框中选中【使用旧版】复选框并将【亮度】滑块向右拖动到最大，图像的高光、暗调和中间调都会变亮。取消选中该复选框，则图像变亮主要是在中间调区域，如图 5-21 所示。

图 5-21

在【亮度 / 对比度】对话框中的【对比度】用于调整图像的明暗对比，选中【使用旧版】复选框并将【对比度】滑块向右拖动到最大，图像的高光、暗调和中间调都会增加对比度。取消选中该复选框，则图像增加对比度主要在中间调区域，如图 5-22 所示。

图 5-22

2. 色阶

【色阶】命令是较常用的色彩调整命令，通过【色阶】命令可以调整图像的色阶。执行【图像】>【调整】>【色阶】命令，弹出【色阶】对话框，在【色阶】对话框中通过拖动【输入色阶】和【输出色阶】滑块来调整图像色彩，通过对话框中的直方图可查看图像像素的色阶分布，如图 5-23 所示。

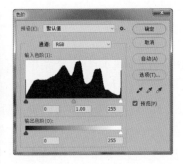

图 5-23

图像的色阶（即阶调）主要包含 3 个区域：暗调（黑场）、中间调（灰场）和亮调（白场）。这 3 个区域根据图像明暗分布不均，如比较暗的图像则暗调的区域比较多，比较亮的图像则亮调区域比较多，并且这 3 个区域没有非常明显的分界线，只有一个大概的区域。

在【色阶】对话框中有一个表示像素色阶分布的图，称为直方图，在直方图中横轴表示从暗到亮的色阶分布，纵轴表示从 0 到最大的像素数量，如图 5-24 所示。

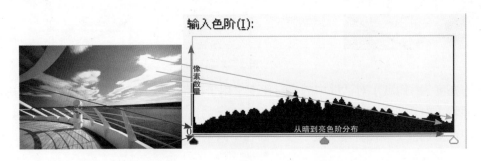

图 5-24

下面展示一些典型的直方图。拍摄过数码照片的人可能知道，有时拍摄得到的图像显得灰蒙蒙的，此时通过直方图可以看到图像的暗调和亮调缺少像素，而几乎所有的像素都集中在中间调区域，因此图像看起来就有灰蒙蒙的感觉，如图 5-25 所示。

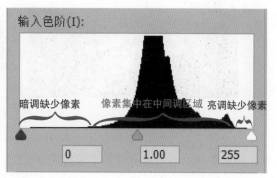

图 5-25

较暗图像直方图的像素主要集中在暗调区域，中间调区域和亮调区域的像素较少，因此图像看起来较暗，如图 5-26 所示。

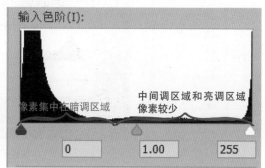

图 5-26

较亮图像直方图的像素主要集中在亮调区域，中间调区域和暗调区域的像素较少，因此图像看起来较亮，如图 5-27 所示。

图 5-27

对比强烈的图像直方图中暗调区域和亮调区域的像素较多，而中间调区域的像素很少或没有，因此图像看起来反差较大，如图 5-28 所示。

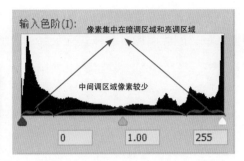

图 5-28

在【色阶】对话框的【预设】下拉列表中可以选择内置的选项，不需要设置色阶的参数而直接得到效果；在【通道】下拉列表中可以选择该图像的复合通道，也可以选择单独的原色通道，选择复合通道是为了调整图像的色阶，选择单独的原色通道是为了调整图像的色相，如图 5-29 所示。

图 5-29

【色阶】对话框的【输入色阶】下方有 3 个滑块，分别用于控制图像的暗调、中间调和亮调。将控制暗调的黑色滑块向左拖动，图像变暗；将黑色滑块拖到某个色阶，这个色阶上的像素都变为黑色，且比这个色阶暗的像素也变为黑色，图像的黑色像素增多，因此图像变暗，如图 5-30 所示。

图 5-30

将控制亮调的白色滑块拖到某个色阶，这个色阶上的像素都变为白色，比这个色阶亮的像素也变为白色，图像的白色像素增多，因此图像变亮，如图 5-31 所示。

图 5-31

将控制中间调的灰色滑块向左拖到某个色阶，这个色阶上原来较暗的像素都变为中间灰，因此图像变亮；将灰色滑块向右拖动，则图像变暗，如图 5-32 所示。

图 5-32

将【输出色阶】下方的黑色滑块向右拖到某个色阶，表示图像中原来处于暗调的黑色像素变为该色阶，图像将没有最黑的像素，因此图像变亮，如图 5-33 所示；向左拖动白色滑块，则图像变暗，如图 5-34 所示。

图 5-33　　　　　　　　　　　　图 5-34

在【色阶】对话框中分布着 3 个吸管，黑色吸管用于定义图像的黑场，选中该吸管在图像中某个像素上单击，该像素将被设置为图像最黑的黑场，如图 5-35 所示；白色吸管用于确定图像的白场；灰色吸管用于确定图像的中性灰。

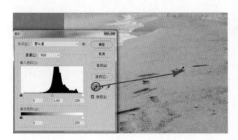

图 5-35

　　中性灰是调整图像偏色的重要依据。人们发现当等量的 RGB 三色光射入人眼的时候，人眼感觉到的是灰色，因此除了黑色和白色，将 RGB 等值的灰色都称为中性灰。想象一下，当图像中有一个灰色的物体（如石头），本该是灰色即 RGB 等值的，但由于拍摄问题该物体 RGB 不等值，呈现为其他的颜色，此时只需要将该物体的色值恢复为 RGB 等值即可将整个图像的色偏纠正。

　　【色阶】对话框中的灰色吸管用来设置中性灰，使用该吸管吸取图像中某个像素，该像素将被强制设置为 RGB 等值。若找到的像素本该是灰色的，则图像可以纠正色偏；如果寻找不当，图像将引入色偏，如图 5-36 所示。

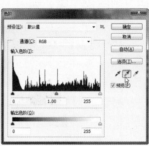

图 5-36

> ⓘ **提示**
>
> 　　中性灰只作为纠正色偏的依据，明白其原理即可，不可教条地使用。例如，图像中的某个物体为灰色，但由于环境光的影响，并不是该物体所有像素都为灰色；又如，图像中没有灰色的物体，因此在图像中无法找到设置中性灰的像素。

　　通过使用灰色吸管可知吸管有纠正和引入色偏的功能，同时黑色吸管和白色吸管也有类似功能。

3. 曲线

　　【曲线】命令与【色阶】命令的作用相似，可以视为【色阶】命令的升级版本。【曲线】命令可以更加精确地控制图像，其操作比色阶复杂得多，按【Ctrl+M】组合键，弹出【曲线】对话框，曲线中也有【输入】和【输出】选项，横轴为输入色阶即改变前的色阶，纵轴为输出色阶即改变后的色阶，坐标区的对角线是用于控制图像颜色的曲线，如图 5-37 所示。

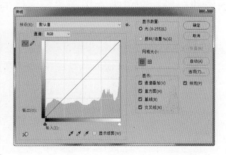

图 5-37

【曲线】与【色阶】是基本用法一样的两个命令，其中很多设置也几乎是一样的。例如，【曲线】命令中的【预设】和【通道】下拉列表中的选项与【色阶】命令中的一样；这两个命令的输入色阶与输出色阶也相似，只不过【色阶】命令将两个色阶并列排列，而【曲线】将它们以横纵坐标排列；【曲线】中的吸管工具与【色阶】中的用法一样。

在【曲线】命令的曲线中可以建立 16 个控制点来调整图像，比【色阶】命令的控制点多得多，因此曲线控制的精度更高。单击曲线在其上建立一个控制点，将控制点向上拖动，由于控制点被调整为更亮的色阶，所以图像变亮，如图 5-38 所示；要使图像变暗，则将控制点向下拖动。

图 5-38

将光标移动到图像较暗的像素上，按住【Ctrl】键单击，在曲线的暗调区域上建立一个控制点，使用同样的方法在亮调区域建立一个控制点，将暗调区域控制点向下拖动，亮调区域控制点向上拖动，由于亮调控制点变得更亮，暗调控制点变得更暗，所以图像呈现反差加大的效果，如图 5-39 所示。

图 5-39

在曲线上建立 3 个以上的控制点，将曲线调整为波浪形，可以得到色调分离的效果。这种效果常用于制作图像的一些特效，如液态金属、水晶等，如图 5-40 所示。

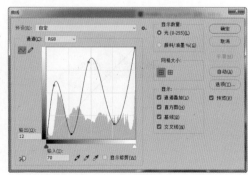

图 5-40

【曲线】对话框还包含多个不常用的选项。单击【铅笔】图标 ✎，可以手绘曲线，图像色彩会根据绘制的曲线发生变化；单击【平滑】图标 ∿，可以将绘制的曲线转换为带控制点的曲线，如图 5-41 所示。

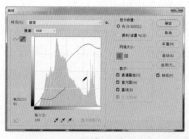

图 5-41

4. 色相 / 饱和度

【色相/饱和度】命令是基于色彩的 3 个属性建立起来的色彩调整命令，向左拖动【饱和度】滑块可以降低图像的纯度即饱和度，向右拖动可以提高颜色的饱和度，如图 5-42 所示。向左拖动【明度】滑块可以降低图像的亮度，向右拖动可以提高图像的亮度，如图 5-43 所示。

图 5-42

图 5-43

【色相】依据色轮关系来替换颜色，因此色相中的数值框表示的是角度。例如，向右拖动【色相】滑块到 "80"，表示色轮旋转 80°，旋转后的颜色将替换原来的颜色，如图 5-44 所示。

图 5-44

在【色相 / 饱和度】对话框中选中【着色】复选框，可以使用一种颜色来替换图像中的所有颜色，如图 5-45 所示。

图 5-45

5. 自然饱和度

【自然饱和度】命令可以控制图像的饱和度。在【自然饱和度】对话框中，【自然饱和度】滑块对不饱和的颜色作用较明显，越饱和的颜色变化越小，因此调整图像的饱和度时不会出现色斑，如图 5-46 所示。

图 5-46

【自然饱和度】命令中的【饱和度】滑块与【色相 / 饱和度】命令的作用相同，都能对全图进行饱和度调整，区别是【自然饱和度】命令中的【饱和度】滑块对图像饱和度的改变相对较小，如图 5-47 所示。

图 5-47

6. 色彩平衡

【色彩平衡】命令依据色彩的平衡关系来调整图像的色彩。色彩的平衡关系是指将颜色正常的图像定义为图像的颜色是平衡的，图像发生了色偏代表图像的颜色变为不平衡。当图像的颜色不平衡时，如图像偏红色，可以通过降低本色或增加其相反色使图像的颜色重新恢复平衡，使图像的颜色显示正常。

在【色彩平衡】对话框中有 3 组相反色控制杆，通过拖动其滑块可使图像的颜色达到平衡，以达到调整图像色偏的目的。它们分别是青色－红色、洋红－绿色、黄色－蓝色。在【色彩平衡】对话框【色调平衡】选项组中可以针对图像的亮调、中间调和暗调的色偏进行调整，如图 5-48 所示。

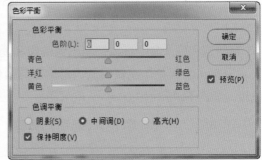

图 5-48

7. 去色和黑白

【去色】和【黑白】命令都可以在保持原有的颜色模式下，将彩色图像转换为灰色图像。在转换过程中，RGB 会根据一个特定的比例来进行转换，一般为 $30\%R+59\%G+11\%B$，去色转换的效果与【色相／饱和度】命令产生的灰色图像效果一致。相对于【去色】命令，【黑白】命令则复杂得多。【黑白】命令可以自行设定各颜色的比例来转换，可以选择的颜色包括色光三原色和色料三原色共 6 个颜色，每个颜色都可以在 -200% ～ 300% 范围内选择一个参数来设置颜色的比例，数值越大则得到的灰色越亮，如图 5-49 所示。

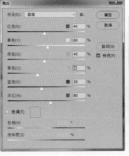

图 5-49

通过选中【色调】复选框可以为灰色图像着色，在【色相】中选择颜色，在【饱和度】中设置该颜色的饱和度，如图 5-50 所示。

图 5-50

8.　通道混合器

【通道混合器】命令使用图像中现有（源）颜色通道的混合来修改目标（输出）颜色通道。图像的通道变化决定了颜色的变化，因此通道被改变，颜色随之改变。图 5-51 所示为绿色通道的变化。

图 5-51

【通道混合器】对话框中的【源通道】相当于一个加工场所，将图像的原色通道按设置的参数进行加工，并替换【输出通道】中的通道，【源通道】的参数取值范围 -200% ～ 200%，"0"表示不输出该通道，"100%"表示完全输出，"200%"表示输出两倍的通道，"-100%"表示输出负值的通道，"-200%"表示输出两倍负值的通道。

下面进一步理解通道混合器的效果。在 RGB 颜色模式下的图像中设置 5 个颜色，即黑、白、红、绿、蓝，然后分别设置【源通道】参数并观察其变化，如图 5-52 所示。

【输出通道】选择【红】，将【绿色】设置为"-100%"，白色变为青色，其他颜色未发生改变，为了便于描述将 4 个色块分别命名为"色块 1"、"色块 2"、"色块 3"和"色块 4"，如图 5-53 所示。

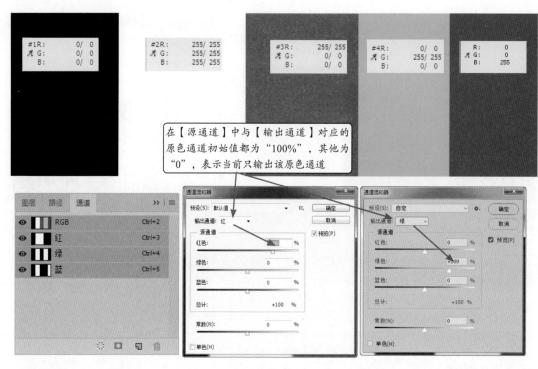

在【源通道】中与【输出通道】对应的
原色通道初始值都为"100%"，其他为
"0"，表示当前只输出该原色通道

图 5-52

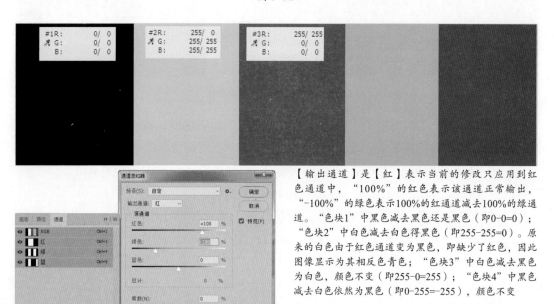

【输出通道】是【红】表示当前的修改只应用到红
色通道中，"100%"的红色表示该通道正常输出，
"-100%"的绿色表示100%的红通道减去100%的绿通
道。"色块1"中黑色减去黑色还是黑色（即0-0=0）；
"色块2"中白色减去白色得黑色（即255-255=0）。原
来的白色由于红色通道变为黑色，即缺少了红色，因此
图像显示为其相反色青色；"色块3"中白色减去黑色
为白色，颜色不变（即255-0=255）；"色块4"中黑色
减去白色依然为黑色（即0-255=-255），颜色不变

图 5-53

　　【输出通道】选择【绿】，将【红色】设置为"100%"，将【绿色】设置为"100%"，
图像发生变化，如图5-54所示。

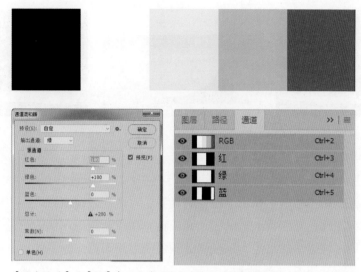

【输出通道】是【绿】表示当前的修改只应用到绿色通道中，"100%"的红
色表示该通道正常输出，"-100%"的绿色表示100%的红通道减去100%的绿
通道。"色块1"（0-0=0）变为黑色；"色块2"（255-255=0）变为洋红；
"色块3"（255-0=255）变为黄色；"色块4"（0-255=-255）变为黑色

图 5-54

　　【通道混合器】命令还可以将彩色图像转换为灰色图像，这个功能与【黑白】命令相似。
选中【单色】复选框，【输出通道】变为【灰色】，表示源通道经运算后输出到灰色通道，
此处的灰色通道表示原色通道，在【源通道】选项组中可以设置输出比例来控制颜色的分量，
如图 5-55 所示。

图 5-55

9. 色调分离和阈值

　　【色调分离】命令可以重新设置图像的色阶，并将颜色映射到最接近的色调上。例如，
对 RGB 颜色模式的图像设置色阶为"2"，即图像的色阶只有两个，图像的通道也只有黑白
两个颜色，因此图像的颜色共有 8 个纯度最高的颜色，如图 5-56 所示。阈值是指色阶的分界线，
【阈值】命令为图像设置一个色阶阈值参数，比阈值亮的颜色转为白色，比阈值暗的颜色转
为黑色，因此图像只呈现黑白两色，如图 5-57 所示。

图 5-56   图 5-57

10. 渐变映射

【渐变映射】命令可以将设置的渐变色映射到色阶上，执行该命令后弹出【渐变映射】对话框，在颜色渐变条上单击，弹出【渐变编辑器】对话框，在该对话框中可以选择预设的某个渐变，也可以在颜色渐变条上对渐变重新编辑。颜色渐变条左侧的颜色将映射到图像的暗调区域（即暗调区域显示该颜色），右侧的颜色映射到图像的亮调区域，中间的颜色映射到图像的中间调区域，如图 5-58 所示。

图 5-58

11. 可选颜色

【可选颜色】命令用于校正 CMYK 颜色模式图像的颜色，RGB 颜色模式的图像也可以使用该命令。在【颜色】下拉列表中有 9 种颜色，选择其中的一种，然后拖动下方的【青色】、【洋红】、【黄色】、【黑色】4 个油墨滑块来调整在【颜色】下拉列表中选择的颜色，正值表示添加油墨，负值表示减少油墨；【相对】单选按钮表示油墨改变的相对量；【绝对】单选按钮表示油墨改变的绝对量，【绝对】要比【相对】的改变量大，如图 5-59 所示。

图 5-59

12. 阴影/高光

【阴影/高光】命令可以较好地调整反差大的图像，如逆光的人像图像等。在【阴影/高光】对话框中，使用【阴影】来提亮图像暗调区域，使用【高光】来压暗亮调区域。【数量】表示修改量，数值越大，改变越大；【色调宽度】表示参与修改的色调范围，数值越大，色调范围越大；【半径】是指发生变化像素的影响范围，数值越大，参与改变的像素越多。【颜色校正】用于调整图像的饱和度和明度，数值越大，图像颜色越饱和、越亮；【中间调对比度】可以在调整图像对比度时，将调整区域限定在中间调区域范围；【修剪黑色】和【修剪白色】用于控制产生极值的数量，如图 5-60 所示。

图 5-60

13. 匹配颜色

【匹配颜色】命令可以方便地使两个图像颜色接近，在【匹配颜色】对话框的【源】下拉列表中选择一个已经打开的匹配图，可以看到目标图像发生变化。【明亮度】用来调整目标图像的明暗度，【颜色强度】用来调整目标图像的饱和度，【渐隐】用来控制调整量，选中【中和】复选框可以调整图像色偏；在【源】下拉列表中可以选择打开的图像作为匹配图，还可以选择该图像的某个图层，如图 5-61 所示。

图 5-61

14. 替换颜色

【替换颜色】命令相当于【色彩范围】命令和【色相/饱和度】命令的结合，在【选区】中创建一个选区，然后在【替换颜色】中调整色相、饱和度和明度，如图 5-62 所示。

图 5-62

15. 去色、反相和色调均化

【去色】命令在保持原图的颜色模式下可以把图像中的彩色去除，而只保留图像的明暗变化，如图 5-63 所示；【反相】命令可以将图像的颜色反转，如黑白反转，黄蓝反转等，使用该命令后图像呈现的是负片效果，如图 5-64 所示；【色调均化】命令可以重新分布图像像素的亮度值，使图像的色阶更加均匀地分布，如图 5-65 所示。

图 5-63

图 5-64   图 5-65

5.2.3 实战案例——修正曝光不足的照片

本案例通过介绍将曝光不足的照片进行修复的过程，学习如何利用色彩调整工具。

01 执行【文件】>【打开】命令，弹出【打开】对话框，单击【查找范围】右侧的下三角按钮，打开"素材 / 第 5 章 / 曝光不足的照片 .jpg"文件，单击【打开】按钮，如图 5-66 所示。

图 5-66

02 打开【图层】面板，单击选中【图层】面板中的【背景】图层，按住鼠标左键将图层拖曳到【创建新图层】按钮上创建一个【背景拷贝】图层，如图 5-67 所示。

图 5-67

03 选中创建的【背景拷贝】图层，执行【图像】>【调整】>【色阶】命令，在弹出的【色阶】对话框中，调整【输入色阶】下方的白色滑块到如图 5-68 所示的位置，得到的效果如图 5-69 所示。

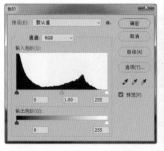
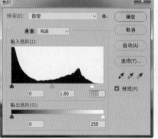

图 5-68   图 5-69

04 调整完成后，向左拖动【输入色阶】下方中间的灰色滑块，将图像调亮，如图 5-70 所示。

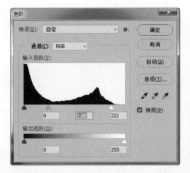

图 5-70

05 执行【图像】>【调整】>【色相/饱和度】命令，弹出【色相/饱和度】对话框，设置参数如图 5-71 所示，以提高图像的饱和度，单击【确定】按钮，得到的图像效果如图 5-72 所示。

图 5-71　　　　　　　　　　　　　　　　图 5-72

06 调整完成后，单击【图层】面板中【背景拷贝】图层栏左侧的【隐藏图层】按钮，将背景图层隐藏，对比调整前的图像效果。若达到预期效果，则执行【文件】>【保存】命令，将图像进行保存。图 5-73 所示为调整前和调整后的效果对比。

图 5-73

5.3 应用调整图层

　　调整图层是指将调整命令作为图层应用到调整图像色彩的工作中，调整图层是一种先进的调整方式,将其用来调整图像可以保留图像的原始信息,保留调整参数,并能创建蒙版来控制调整区域。

1. 创建调整图层

创建调整图层的方法有两种:通过菜单和通过面板。通过菜单的方法是执行【图层】>【新建调整图层】子菜单中的调整命令,在弹出的对应对话框中单击【确定】按钮,即可创建调整图层,如图 5-74 所示。

图 5-74

通过面板的方法是在【图层】面板中单击 ⌀. 按钮,在弹出的快捷菜单中选择一个调整命令,此时在【图层】面板中会创建一个该命令的调整图层,并弹出该命令对应的对话框,在对话框中设置参数即可,如图 5-75 所示。

 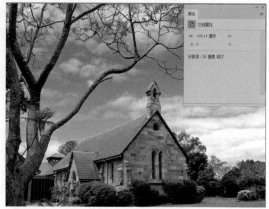

图 5-75

2. 编辑调整图层

调整图层建立在【图层】面板中,处于左侧的是调整命令缩览图,右侧是蒙版缩览图。双击调整命令缩览图可以调用该命令对应的对话框;单击蒙版缩览图,可在蒙版中通过黑白灰来控制调整命令的作用区域。

作为图层的调整命令,其操作方法与其他图层一致,如将调整图层拖动到【图层】面板的【删除图层】按钮上,可删除该调整图层,同时可以恢复图像的原有状态,而不破坏图像的像素。

5.4 信息面板

【信息】面板用于显示图像的颜色值、文档的状态、当前使用的工具信息。如果对文件进行了色彩的调整或选区的创建，面板会显示与当前操作有关的信息。

执行【窗口】>【信息】命令，打开【信息】面板，默认情况下会显示以下信息。

1. 颜色信息

将光标移动到文档窗口的图像上，【信息】面板显示光标所在位置颜色的 RGB 数值和 CMYK 数值，如图 5-76 所示。

图 5-76

2. 选区信息

在文档中使用创建选区工具创建选区时，【信息】面板显示选区的宽度和高度数值，如图 5-77 所示。

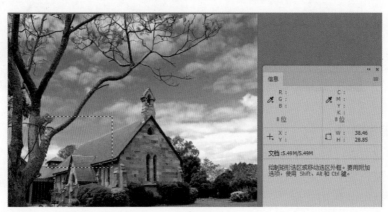

图 5-77

3. 变换参数

执行【变换】命令，【信息】面板显示变换的宽度和高度的数值、旋转的角度、水平切线和垂直切线的角度，如图 5-78 所示。

图 5-78

4. 工具提示、状态信息

【信息】面板还显示当前选择工具的提示信息，如文档的大小、尺寸、文档配置信息等，具体显示内容来自于【信息面板选项】对话框中的参数，如图 5-79 所示。

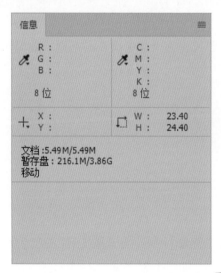

图 5-79

5.5　色域和溢色

色域是指颜色系统可以显示或打印的颜色范围。对于 CMYK 颜色模式而言，在 RGB 颜色模式中显示的颜色可能会超出色域，因而无法打印出来。

溢色是指在显示器上能显示出来而在打印机中无法被准确打印的颜色。通过执行【视图】>【色域警告】命令，可以查看图像中的溢色，如图 5-80 所示；再次执行【视图】>【色域警告】命令，可以关闭色域警告，如图 5-81 所示。

图 5-80　　　　　　　　　　　　　　　　图 5-81

5.6　综合案例——制作胶片效果图像

学习目的

　　某杂志社编辑需要制作一张胶片效果的夜景照片作为杂志中文章的配图，此时可使用调整命令完成胶片效果制作。

知识要点提示

　　♦ 【色阶】命令的应用。

　　♦ 可选颜色的应用。

操作步骤

01 打开"素材 / 第 5 章 / 胶片效果风景 .jpg"，选中【背景】图层，将其拖曳到【图层】面板的【创建新图层】按钮上，创建一个【背景拷贝】图层，如图 5-82 所示。

图 5-82

02 选中【背景拷贝】图层，执行【图像】>【色阶】命令，在弹出的【色阶】对话框中，拖动【输

入色阶】下方滑块到如图 5-83 所示的位置。完成后单击【确定】按钮，得到的图像效果如
图 5-84 所示。

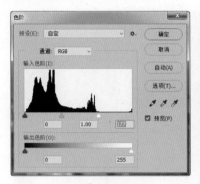

图 5-83   图 5-84

03 执行【图层】>【新建调整图层】>【亮度 / 对比度】命令，在弹出的对话框中单击【确定】
按钮，创建一个调整图层。在【属性】面板中设置【对比度】数值为 "100"，如图 5-85 所示，
得到的图像效果如图 5-86 所示。

图 5-85   图 5-86

04 执行【图层】>【新建调整图层】>【色相 / 饱和度】命令，在弹出的对话框中单击【确定】
按钮，创建一个新的调整图层，在【属性】面板中设置【饱和度】数值为 "25"，如图 5-87
所示，得到的图像效果如图 5-88 所示。

图 5-87   图 5-88

05 执行【图层】>【新建调整图层】>【可选颜色】命令，在【属性】面板中设置【颜色】为 "黑色"，【黑色】数值为 "+11%"，如图 5-89 所示，得到的图像效果如图 5-90 所示。

图 5-89 　　　　　　　　　　　　　　　　图 5-90

06 调整完成后，继续在【属性】面板中设置【颜色】为 "白色"，【黑色】数值为 "-100%"，如图 5-91 所示，得到的图像效果如图 5-92 所示。

图 5-91 　　　　　　　　　　　　　　　　图 5-92

07 执行【图层】>【新建调整图层】>【照片滤镜】命令，在【属性】面板中设置【颜色】为 "橙色"，颜色数值为 "R=255，G=165，B=0"，【浓度】为 "30%"，如图 5-93 所示，得到的图像效果如图 5-94 所示。

图 5-93 　　　　　　　　　　　　　　　　图 5-94

08 单击【图层】面板下方的【创建新图层】按钮，创建一个新的图层，然后执行【编辑】＞【填充】＞【前景色】命令，为新创建的图层填充黑色，效果如图 5-95 所示。

图 5-95

09 执行【滤镜】＞【杂色】＞【添加杂色】命令，为图像添加杂色，模拟胶片效果；在弹出的【添加杂色】对话框中，设置【数量】为"10%"，【分布】为"高斯分布"，如图 5-96 所示。单击【确定】按钮，效果如图 5-97 所示。

图 5-96　　　　　　　　　　　　图 5-97

10 将"图层 1"的【图层混合模式】设置为"滤色"，效果如图 5-98 所示。

图 5-98

11 执行【文件】＞【保存】命令，保存图像；图 5-99 所示为调整前和调整后的效果对比。

图 5-99

5.7 本章小结

本章主要讲解 Photoshop 的色彩调整相关知识。通过对色彩调整的讲解，能够让用户根据不同的图像来确定应该使用何种命令，然后使用该命令将图像制作成所期望的效果。

5.8 本章习题

选择题

（1）下面对 RGB 和 CMYK 两种颜色模式的描述不正确的是（　　）。

    A. RGB 颜色模式的原理是色光相加

    B. CMYK 颜色模式的原理是色料减法

    C. RGB 颜色模式和CMYK 颜色模式都可以用于印刷

    D. CMYK 颜色模式是用于印刷业的颜色模式

（2）CMYK 颜色模式中的原色包括（　　）。

    A. 黄、绿、蓝和黑   B. 红、绿、蓝和黑

    C. 洋红、黄、青和黑   D. 洋红、绿、蓝和黑

（3）当 RGB 颜色模式转换为 CMYK 颜色模式时，可以采用下列哪种颜色模式作为中间过渡模式以减少颜色损失？（　　）

    A. Lab   B. 灰度   C. 多通道   D. 索引

（4）图像必须是哪种颜色模式，才可以转换为位图颜色模式？（　　）

    A. RGB   B. 灰度   C. 多通道   D. 索引

（5）下面哪种颜色模式的色域最大？（　　）

    A. HSB   B. RGB   C. CMYK   D. Lab

第 **6** 章

图　层

　　图层就像一块块叠放在一起的透明玻璃板，在这些玻璃板中放置着不同的图案，设计师需要编辑修改某一个图案，可以激活放置该图案的图层，而且这些编辑动作不会影响其他图层上的图案。学习图层知识应该先掌握图层基本操作，然后学习图层样式，最后学习图层混合模式。

本章学习要点

- ◆ 图层的基本编辑
- ◆ 图层样式的类型及应用
- ◆ 图层混合模式的原理及应用

6.1 图层的基础知识

　　【图层】面板是用来储存图层的，所有图层都按顺序一栏一栏地排列在该面板中，【图层】面板还分布着操作图层的命令，使用这些命令可以对图层进行一系列操作。未经编辑的图像在【图层】面板中都会有一个默认的背景图层，随着对图像进行复杂操作，【图层】面板中会出现各种不同类型的图层，如背景图层、普通图层、文字图层、智能对象图层、图层组、调整图层、图层蒙版图层等，如图 6-1 所示。

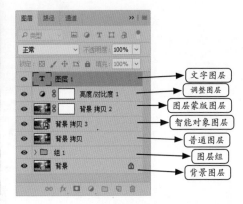

图 6-1

　　【图层】面板中每种类型图层的作用和使用范围不一样。例如，背景图层是最基本的图层类型，对背景图层有很多操作被限制（如不能建立图层蒙版），一个图像文件最多只能有一个背景图层，背景图层总被放置在【图层】面板中的底部；普通图层是最常用的图层类型，普通图层上没有图案的地方将显示为透明，绝大多数的工具和命令都可以作用在普通图层上，如滤镜命令、画笔工具等；文字图层只用来放置文字，使用【文字工具】输入文字，文字图层将被自动建立，同时文字图层的文字具有矢量性，即可以任意缩放图层中的文字而不会出现虚化现象，也正是由于其具有矢量性，所以很多工具和命令不能作用在该图层上；智能对象图层中的图案不会因为反复缩放而产生虚化现象；视频图层是用来创建视频的图层。

6.2 编辑图层

　　使用【图层】面板和【图层】菜单中的命令可以对图层进行基本的操作，如新建图层、复制图层、删除图层、锁定图层、链接图层、合并图层等，如图 6-2 所示。

【图层】面板　　　　　　　　　　【图层】菜单

图 6-2

6.2.1 新建图层

创建新图层的方法主要有以下 3 种。

- 执行【图层】>【新建】>【图层】命令，可以创建新图层，如图 6-3 所示。
- 单击【图层】面板下方的【创建新图层】按钮，直接新建图层，如图 6-4 所示。
- 单击【图层】面板右上角的按钮，如图 6-5 所示，在弹出的快捷菜单中选择【新建图层】命令，弹出【新建图层】对话框，单击【确定】按钮，可以新建一个图层。

图 6-3

图 6-4　　　　　　　　　　图 6-5

6.2.2 选择图层

单击【图层】面板中的某个图层，该图层显示加重颜色表示选中该图层；按住【Shift】键再单击其他图层，这两个之间的图层都显示加重颜色，表示选中多个图层；按住【Ctrl】键单击其他图层可以逐一选中多个图层，如图 6-6 所示。

按住【Shift】键选中多个图层　　　　按住【Ctrl】键选中多个图层

图 6-6

6.2.3 显示图层与隐藏图层

在一个文件中会包含多个图层。使用显示与隐藏功能可以对图层进行显示和隐藏操作，将需要的图层显示出来，删除不再需要的图层。

在【图层】面板中，单击图层左侧的"眼睛"图标 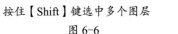 隐藏图层，再次单击则重新显示图层，如图 6-7 所示。

图 6-7

在 Photoshop CC 中增加了图层快速搜索功能。在【图层】面板中，单击【类型】按钮，根据下拉菜单提供的图层类型将图层分别显示，如图 6-8 所示。

图 6-8

> **① 提示**
>
> 单击【图层】面板的【类型】按钮，弹出【类型】下拉菜单，在该下拉菜单中有【类型】、【名称】、【模式】、【效果】、【颜色】、【属性】6种图层显示方式，方便对图层进行管理，提高工作效率。

6.2.4 复制图层与删除图层

1. 复制图层

在 Photoshop 中，复制图层有以下两种方法。

（1）同一图像文件上的图层复制

在【图层】面板中选中需要复制的图层，将选中的图层拖动到【图层】面板底部的【创建新图层】按钮；或者执行【图层】>【复制图层】命令，都可以创建图层副本的方式复制新的图层，如图 6-9 所示。

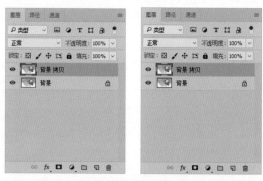

图 6-9

（2）不同图像文件之间的图层复制

执行【选择】>【全选】命令或按【Ctrl+A】组合键，将要复制的图层全部选定，执行【编辑】>【拷贝】命令或按【Ctrl+C】组合键，再执行【编辑】>【粘贴】命令或按【Ctrl+V】组合键，把素材粘贴到另一个文件中，完成图层复制操作，如图 6-10 所示。

图 6-10

2. 删除图层

选择要删除的图层，单击【图层】面板下方的【删除图层】按钮，在弹出的对话框中单击【确定】按钮；或者执行【图层】>【删除】>【图层】命令，在弹出的对话框中单击【确定】按钮，也可以删除选中的图层，如图 6-11 所示。

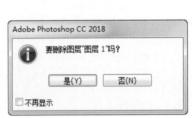

图 6-11

6.2.5 重命名图层

在创建新图层时，Photoshop 会自动命名图层；但是在创建文字图层时，Photoshop 以创建的文字内容命名图层。为了方便对图层的管理，快速找到想要的图层，改变图层的名称能更快地识别图层，提高工作效率。

执行【图层】>【重命名图层】命令，可以在【图层】面板中修改图层的名称，如图 6-12 所示。

图 6-12

6.2.6　改变图层顺序

在 Photoshop 中，新建的图层会排列在【图层】面板的最上面，下面的图层会依次被上面的图层覆盖，最后显示的是【图层】面板中最底层的图层。可以执行【图层】>【排列】子菜单中的命令来改变图层的顺序，图 6-13 所示为【后移一层】命令的移动结果。

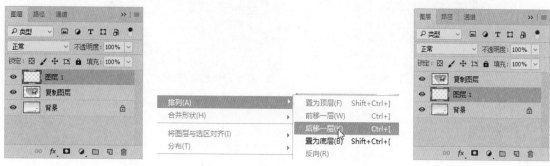

图 6-13

6.2.7　图层不透明度

图层的特点之一是可设置透明度，透过上面图层的透明像素查看下面图层中的图像，上面图层中不透明的图像能够遮盖下面图层中的图像。设置各个图层不同的透明度，可得到不同的画面效果，如图 6-14 所示。

图 6-14

6.2.8　锁定图层与链接图层

1. 锁定图层

在【图层】面板中，锁定图层有【锁定透明像素】、【锁定图像像素】、【锁定位置】、【防止画板外自动嵌套】和【锁定全部】5 个按钮，如图 6-15 所示。

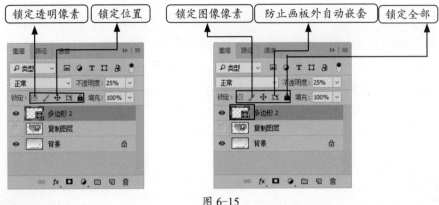

图 6-15

> **ⓘ 提示**
>
> 　当锁定图层的时候，该图层栏右侧将会出现一个锁图标，空心锁图标🔓表示部分锁定图层；实心锁图标🔒则表示锁定全部图层。

2. 链接图层

链接图层是指对多个图层进行统一操作，保证动作的统一，使它们发生统一的变化，没有丝毫误差。

按住【Ctrl】键单击需要链接的图层，在【图层】面板下方单击【链接图层】按钮，可以把选中的图层链接起来，如图 6-16 所示。链接完成后选中链接的图层，再次单击【链接图层】按钮可以断开链接，如图 6-17 所示。

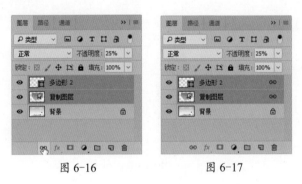

图 6-16　　　　　图 6-17

6.2.9 合并图层

合并图层分为向下合并图层、合并可见图层、拼合图像 3 种。

1. 向下合并图层

选中图层后，执行【图层】>【向下合并】命令，将合并选中图层和选中图层下面的一个图层，并以下面图层的名称来命名该图层，如图 6-18 所示。

图 6-18

> **提示**
>
> 合并图层是指将选中的图层合并为一个图层，因此不能再单独操作（如移动、缩放等）合并前的某个图层。

2. 合并可见图层

执行【图层】>【合并可见图层】命令，可将所有可见图层合并为一个图层，但被隐藏的图层不能被合并，如图 6-19 所示。

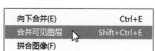

图 6-19

6.2.10 对齐图层与分布图层

1. 对齐图层

如果要将【图层】面板中的多个图层对齐，只需将要对齐的图层全部选中，执行【图层】>【对齐】子菜单中的命令就可以将选中的图层按照指定命令进行对齐，【对齐】子菜单中各命令的含义如下。

【顶边】：选中图层的顶端像素与当前图层的顶端像素对齐。

【垂直居中】：选中图层垂直方向的中心像素与当前图层垂直方向的中心像素对齐。

【底边】：选中图层的底端像素与当前图层的底端像素对齐。

【左边】：选中图层的最左端像素与当前图层的最左端像素对齐。

【水平居中】：选中图层水平方向的中心像素与当前图层水平方向的中心像素对齐。

【右边】：选中图层的最右端像素与当前图层的最右端像素对齐。

图 6-20 所示为执行【图层】>【对齐】>【垂直居中】命令的示例。

图 6-20

2. 分布图层

分布图层用于将 3 个或 3 个以上的图层按照一定规律均匀分布，执行【图层】>【分布】子菜单中的命令，就可以将选中的图层按照指定命令进行分布。

【顶边】：以图层顶端像素开始，平均间隔分布选中的图层。

【垂直居中】：以图层垂直中心像素开始，平均间隔分布选中的图层。

【底边】：以图层底端像素开始，平均间隔分布选中的图层。

【左边】：以图层最左端像素开始，平均间隔分布选中的图层。

【水平居中】：以图层水平中心像素开始，平均间隔分布选中的图层。

【右边】：以图层最右端像素开始，平均间隔分布选中的图层。

图 6-21 所示为执行【图层】>【分布】>【垂直居中】命令的示例。

图 6-21

6.2.11 图层组

在 Photoshop 中，随着图像的深入编辑，图像的图层会越来越多，为了方便图层的管理，能够在大量图层中找到需要的图层，可以创建图层组，把不同的图层放到图层组中，对图层进行分类管理。

在【图层】面板中单击【创建新组】按钮，可以创建一个空的图层组，如图 6-22 所示。创建图层组完成后，可以将不同的图层拖动到同一个图层组中，如图 6-23 所示。

图 6-22　　　　　　　　　　　　　　图 6-23

> **ℹ️ 提示**
>
> 执行【图层】>【新建】>【从图层建立组】命令也可以建立一个图层组。选中多个图层后，执行该命令，这些图层将直接被放置到组中。选中图层组后对该组进行操作，如改变透明度、旋转，同一个图层组里的所有图层同步发生变化。

6.3　图层样式

Photoshop 的图层样式功能可以创建各种各样的图像效果，如发光、阴影、浮雕等。图层样式也属于非破坏编辑方式，并且图层样式的效果不直接修改原始图像，因此可以灵活有效地进行编辑修改。

执行【图层】>【图层样式】>【混合选项】命令，或者双击图层缩览图都会弹出【图层样式】对话框，如图 6-24 所示。在【图层样式】对话框左侧的【样式】列表框中选中相应的复选框，可以在右侧样式库中设置 Photoshop 的预设样式，完成后图层发生改变，如图 6-25 所示。

图 6-24　　　　　　　　　　　　　　图 6-25

6.3.1　图层样式的类型

1. 投影

在【图层样式】对话框左侧选中【投影】复选框，或者执行【图层】>【图层样式】>【投影】命令，可以设置投影的属性。【投影】设置界面中各个选项的含义如下。

【混合模式】：在下拉列表中为投影选择不同的混合模式，可得到不同的投影效果。单击右侧色块，为投影设置颜色。

【不透明度】：拖动滑块，可以设置投影的不透明度。数值越大，投影越清晰；数值越小，投影越模糊。

【角度】：转动角度转盘的指针或输入角度数值，可以设置投影的投射方向。如果选中【使用全局光】复选框，投影可以使用全局光设置，此时不能使用角度数值定义。

【距离】：定义投影的投射距离。

【扩展】：增加投影的投射强度。数值越大，投影的强度越大，投影的效果也越明显，反之则越不明显。

【大小】：设置投影的模糊范围。数值越大，模糊范围越大；数值越小，模糊范围越小。

【等高线】：设置投影的形状。

【消除锯齿】：混合等高线边缘的像素，让投影更加平滑。

【杂色】：为投影添加杂色。

图 6-26 所示为图层添加投影的效果。

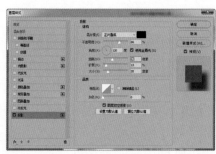

图 6-26

2. 内阴影

使用【内阴影】图层样式，可以为图层内容边缘的像素添加内阴影的投影，使图像呈现凹陷的效果，如图 6-27 所示。

【内阴影】的设置方式与【投影】的设置方式基本相同，区别之处是【投影】通过【扩展】选项控制阴影的渐变范围，而【内阴影】通过【阻塞】选项控制。

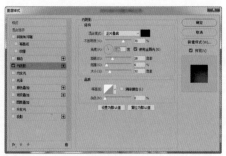

图 6-27

3. 外发光

【外发光】图层样式可以沿着图层像素的外边缘创建图层发光效果，如图 6-28 所示。【外发光】设置界面中各个选项的含义如下。

【混合模式】：设置发光效果与图层的混合模式。

【不透明度】：设置发光效果的不透明度，数值越低，发光效果越不明显。

【杂色】：随机添加发光颜色中的杂色。

【设置发光颜色】：设置发光的颜色，同时可以将发光颜色设置为单色发光或渐变色发光两种发光模式。单击后面的颜色渐变条可以使用渐变编辑器设置渐变颜色。

【方法】：设置发光的方法，以控制发光的精确程度。

【扩展】和【大小】：设置发光光晕的范围和大小。

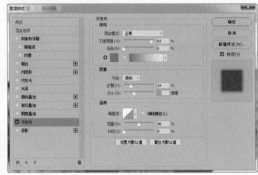

图 6-28

4. 内发光

【内发光】图层样式可以为图像添加内发光效果。其参数设置与【外发光】图层样式基本相同。使用此图层样式可以制作内发光的效果，还可以设置渐变类型参数，调整发光效果，使发光效果更加漂亮，如图 6-29 所示。

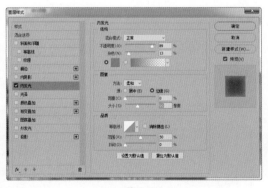

图 6-29

5. 斜面和浮雕

【斜面和浮雕】图层样式可以创建斜面或浮雕的三维立体效果的图像，如图 6-30 所示。【斜面和浮雕】设置界面中各个选项的含义如下。

【样式】：选择下拉列表中的不同选项，可以设置不同的效果，包括【外斜面】、【内斜面】、【浮雕效果】、【枕状效果】、【描边浮雕】等。

【方法】：创建浮雕的方法，主要作用于浮雕效果的边缘。

【深度】：设置浮雕斜面的深度，数值越高，浮雕的立体感越强。

【方向】：设置浮雕的高光和阴影的位置。在设置浮雕的高光和阴影的位置前，要先设置光源的角度。

【大小】：设置斜面和浮雕中阴影面积的大小。

【角度】和【高度】：设置照射光源的照射角度和高度。若选中【使用全局光】复选框，则所有斜面和浮雕的角度都要保持一致。

【光泽等高线】：为斜面和浮雕的表面添加光泽，创建具有金属外观的浮雕效果。

【图案】：为斜面和浮雕添加纹理，且让纹理的效果变得更加丰富。

【高光模式】与【阴影模式】：设置高光的混合模式、颜色和不透明度。在这两个下拉列表中，可以为形成倒角或浮雕效果选择不同的混合模式，从而得到不同的效果。

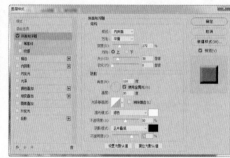

图 6-30

6. 光泽

【光泽】图层样式可以根据图像内部的形状应用于投影，来创建金属表面的光泽外观。通过【等高线】选项可以设置和改变光泽的样式。

7. 颜色叠加

【颜色叠加】图层样式可以为图像叠加某种颜色。只需要设置一种叠加颜色，并设置其混合模式和不透明度即可，如图 6-31 所示。

图 6-31

8．渐变叠加

【渐变叠加】图层样式可以在当前选择的图层上叠加指定的渐变颜色，如图 6-32 所示。

图 6-32

9．图案叠加

【图案叠加】图层样式可以在图层上叠加指定的图案，并设置图案的不透明度和混合模式，如图 6-33 所示。

图 6-33

10．描边

【描边】图层样式为图案和文字添加不同颜色的轮廓，尤其是对于文字有特别的作用。为图案添加单色轮廓和渐变轮廓，效果如图 6-34 所示。

原图　　　　　　　　　　单色轮廓　　　　　　　　　　渐变轮廓

图 6-34

6.3.2　编辑图层样式

编辑图层样式可以实现很多不同的画面效果，也可以随时修改、删除、隐藏这些效果，而且此操作不会对图层中的图像造成任何破坏。

1. 显示与隐藏效果

在【图层】面板中，效果名称的前面会有"眼睛"图标 👁️ ，用来控制其效果的可见性，如果要隐藏效果，可单击该效果名称前面的"眼睛"图标 👁️ ，使图标消失；如果要恢复，可以在此位置再次单击，就会出现"眼睛"图标 👁️ ，该效果能显示出来，如图 6-35 所示。

图 6-35

2. 复制和粘贴图层样式

选择已经添加图层样式的图层，执行【图层】>【图层样式】>【拷贝图层样式】命令，复制图层样式的效果，然后选择其他的图层，执行【图层】>【图层样式】>【粘贴图层样式】命令，可以将效果粘贴到后选择的图层中，如图 6-36 所示。

图 6-36

3. 清除图层样式

执行【图层】>【图层样式】>【清除图层样式】命令，或者将效果拖动到【图层】面板的【删除图层】按钮上，都可以将图层样式删除，如图 6-37 和图 6-38 所示。

图 6-37　　　　　　　　　　图 6-38

4. 创建图层

在图层样式中创建的效果，总是会有不完美的地方，若需要对其进行编辑，则先将图层样式创建为图层，再进行下一步操作，如图 6-39 所示。

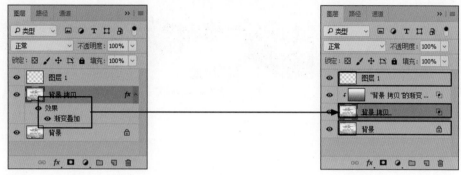

图 6-39

5. 隐藏所有效果

执行【图层】>【图层样式】>【隐藏全部效果】命令，可以隐藏所有效果；执行【图层】>【图层样式】>【显示全部效果】命令，可以显示所有效果。

6.4 图层混合模式

图层混合模式是 Photoshop 最难理解的功能之一。图层混合模式可以使上下图层的像素发生混合，从而产生形态各异的效果，用于合成图像并制作出奇特的效果，而且不会对图像造成破坏。

在 Photoshop 中有很多命令都含有混合模式的设置选项，如【绘画工具】、【图层】面板、【填充】命令等都与混合模式有关，由此可见混合模式的重要性。

在图层混合模式中，图层混合模式被分隔线分成了几组，分别是正常组、变暗组、变亮组、反差组、比较组和着色组。

当图层设置了混合模式后，将会与该图层以下相应图层的像素发生混合，居于上方的图层称为混合层或混合色，居于下方的图层称为基层或基色，最终显现的效果称为结果色。

6.4.1 正常组

正常组是默认设置，包含【正常】及【溶解】两个选项。它们与其下方的图层混合同样受透明度的控制，当不透明度设置为"100%"时，上下图层不会产生混合效果；当不透明度设置小于"100%"时，【正常】的混合层呈现出透明的效果且显示出下层图层的像素，【溶解】的混合层则会随机添加杂点，如图 6-40 所示。

正常模式，不透明度 =100%　　　　正常模式，不透明度 <100%　　　　溶解模式，不透明度 <100%

图 6-40

6.4.2　变暗组与变亮组

变暗组与变亮组的作用是相反的，如【变暗】与【变亮】相对，【正片叠底】与【滤色】相对。使用变暗组可以将所选择的图像变暗；使用变亮组可以使所选择的图像变亮。变暗组的混合层像素与黑色混合为黑色，与白色混合为本身色，变亮组则正好相反。

【变暗】和【变亮】：【变暗】是指两个图层对应像素进行比较，取较暗像素作为结果色；【变亮】则是取较亮像素作为结果色，如图 6-41 所示。

正常　　　　　　　　　　　变暗　　　　　　　　　　　变亮

图 6-41

【正片叠底】和【滤色】：较重要的混合模式。【正片叠底】模拟印刷油墨叠加混合的效果（也可以看成模拟阴影投影的效果），可以想象当油墨一层层叠印上去，看到的颜色会随之变暗，直至变成黑色，因此若对图像进行该模式的混合，其结果色比【变暗】模式更暗；【滤色】模拟光线叠加混合的效果，可以想象在一个黑暗空间的墙壁上打上一束光映在墙上，另一束光打在同一位置，随着一束束光的叠加，这面墙将越来越亮直至变成白色，因此该混合模式的结果色比【变亮】更亮，如图 6-42 所示。

正片叠底　　　　　　　　　　　　　　滤色

图 6-42

> **注意**
>
> 　　正是因为这两个混合模式的特点，因此在图层样式中可以看到阴影效果默认的混合模式为【正片叠底】，发光效果默认的混合模式为【滤色】。

　　【颜色加深】和【颜色减淡】：该混合模式的结果色与图层的顺序有关，即混合色与基色的上下位置颠倒，结果色会不一样。该混合模式是指基色根据混合色的明暗程度来变化（即混合色的明暗度控制基色的变化），混合色越暗，改变基色的能力越强，即基色变得越暗；混合色越亮,改变基色的能力越弱,基色变黑越不明显；但任何混合色都不能改变白色的基色，如图 6-43 所示。

颜色加深　　　　　　　　　　　　　　颜色减淡

图 6-43

　　【线性加深】和【线性减淡】：【线性加深】可以得到较暗的颜色，并且效果明暗过渡平滑，不会出现较大反差；【线性减淡】效果与之相反，如图 6-44 所示。

线性加深　　　　　　　　　　　　　线性减淡

图 6-44

【深色】和【浅色】：与【变暗】和【变亮】效果非常相似，不同之处是【深色】和【浅色】不会产生其他颜色，结果色都取自混合的两个图层，如图 6-45 所示。

深色　　　　　　　　　　　　　　浅色

图 6-45

6.4.3 反差组

应用反差组混合模式可以提高图像的反差，但与 128 灰色混合不产生效果。

【叠加】和【柔光】：【叠加】的结果色与图层的顺序有关，若基色比 128 灰色暗，基色与混合色则以【正片叠底】模式混合；若基色比 128 灰色亮，则以【滤色】模式混合，因此结果色更多显示基层的图像细节并增加其反差效果。【柔光】与【叠加】相似，其结果色反差效果相对较小。【强光】与【叠加】唯一不同之处在于【滤色】或【正片叠底】与基色进行混合，由混合色的明暗度来决定结果色，因此混合效果更多显示混合层并增加反差，如图 6-46 和图 6-47 所示。

正常

叠加

图 6-46

强光

柔光

图 6-47

【亮光】、【线性光】、【点光】及【实色混合】：这 4 种混合模式的结果色与图层的顺序有关，即混合层与基层的上下位置颠倒，结果色将有所不同，它们都是由混合色控制的模式。【亮光】的混合色比 128 灰色暗，【亮光】与基色以【颜色加深】模式混合，比 128 灰色亮则以【颜色减淡】模式混合；【线性光】暗调部分与基色以【线性加深】模式混合，亮调部分以【线性减淡】模式混合；【点光】暗调部分与基色以【变暗】模式混合，亮调部分以【变亮】模式混合；【实色混合】的混合效果最硬，中间没有过渡色，只能得到红、绿、蓝、青、品、黄、黑、白 8 种纯色，如图 6-48 和图 6-49 所示。

亮光

线性光

图 6-48

点光   实色混合

图 6-49

> **ⓘ 提示**
>
> 　　进行图像合成时需要根据混合模式的特点和所需效果设置混合模式。如果需要保留图像较亮的像素而屏蔽较暗的像素，可以选择变亮组，如合成水花、白色婚纱、发光的物体等；如果需要保留较暗像素时，可以选择变暗组，如合成头发等；反差组常用来使图像清晰。

6.4.4 比较组

　　在比较组中共 4 个选项，【差值】和【排除】的结果色与图层顺序无关，【减去】和【划分】的结果色则与图层顺序有关。【差值】是指两个参与混合的图层中用较亮的颜色减去较暗的颜色，因此两个图层之间的差别越大，图像越亮；【排除】与【差值】类似，但是混合效果对比度较低；【减去】结果色显示更多的基色细节，用基色减去混合色，因此在基色暗调处颜色变化较小，在基色亮调处会出现混合色反相的效果；【划分】结果色呈现高反差并显示更多的基色细节，混合色越暗，改变基色变亮的能力越强，反差越大，如图 6-50 和图 6-51 所示。

差值   排除

图 6-50

减去

划分

图 6-51

6.4.5　着色组

　　着色组相对其他混合模式组来说比较简单。【色相】用基色的饱和度、明亮度与混合色的色相创建结果色；【饱和度】用基色的明亮度、色相与混合色的饱和度创建结果色；【颜色】用基色的明亮度与混合色的色相、饱和度创建结果色；【明度】用基色的色相、饱和度与混合色的明亮度创建结果色，此模式的效果与【颜色】相反，如图 6-52 和图 6-53 所示。

色相

饱和度

图 6-52

颜色

明度

图 6-53

6.5 调整图层

调整图层可将色彩调整应用于图像，而不会永久更改像素值。例如，可以创建色阶或曲线调整图层，而不是直接在图像上调整色阶或曲线。色彩调整存储在调整图层中并应用于该图层下面的所有图层。填充图层是指使用纯色、渐变或图案填充图层。与调整图层不同，填充图层不影响它们下面的图层。

使用调整图层编辑图像不会对图像造成破坏，可以通过尝试不同的设置并随时重新编辑调整图层，也可以通过降低该图层的不透明度来减轻调整的效果；使用调整命令编辑图像会破坏图像的像素。调整图层可以通过一次调整来校正多个图层，而不用单独地对每个图层进行调整；调整命令只能调整单个图层，可以随时取消更改并恢复原始图像，如图 6-54 所示。

调整图层

调整命令

图 6-54

调整图层的编辑具有选择性。在调整图层的蒙版上绘画可将调整应用于图像的一部分。通过重新编辑图层蒙版，可以控制调整图像的某些部分；通过使用不同的灰度色调在蒙版上绘画，可以改变调整参数。

调整图层的使用方法与调整命令基本相同。

6.6 智能对象

智能对象是指包含栅格或矢量图像（如 Photoshop 或 Illustrator 文件）中的图像数据的图

层。智能对象将保留图像的原内容及其所有原始特性，从而能够对图层进行非破坏编辑。

6.6.1　智能对象的优势

- 执行非破坏编辑，可以对图层进行缩放、旋转、斜切、扭曲、透视变换或使图层变形，而不会丢失原始图像数据或降低品质，因为变换不影响原始数据。
- 处理矢量图像（如 Illustrator 中的矢量图像），若不使用智能对象，这些图像在 Photoshop 中将进行栅格化。
- 非破坏性应用滤镜，可以随时编辑应用于智能对象的滤镜。
- 使用分辨率较低的占位符图像（以后会将其替换为最终图像）尝试各种设计。

6.6.2　创建智能对象

执行【文件】>【打开为智能对象】命令，选择一个文件，单击【打开】按钮；或者执行【文件】>【置入】命令，将文件作为智能对象导入打开的【图层】面板中，智能对象缩览图的右下角会显示智能对象图标，如图 6-55 所示。

执行【图层】>【智能对象】>【转换为智能对象】命令可以将图层转换成智能对象，如图 6-56 所示。

图 6-55　　　　　　　　　　图 6-56

6.6.3　将智能对象转换成普通图层

执行【图层】>【栅格化】>【智能对象】命令，可以将智能对象转换成普通图层，如图 6-57 所示。

图 6-57

6.6.4 导出智能对象内容

在【图层】面板中选择智能对象，然后执行【图层】>【智能对象】>【导出内容】命令，选择智能对象内容的位置，然后单击【保存】按钮，完成操作。Photoshop 将以智能对象的原始置入格式（如 JPEG、AI、TIF、PDF 或其他格式）导出智能对象。若智能对象是利用图层创建的，则以 PSB 格式将其导出。

6.6.5 重新链接到文件

该命令用于智能对象文件的重新链接，执行该命令后，可以在弹出的【文件链接】对话框中重新选择要链接的文件，链接完成后，效果如图 6-58 所示。

图 6-58

6.7 栅格化文字图层

在 Photoshop 中某些命令和工具（如滤镜效果和绘画工具）不可用于文字图层，因此必须在应用命令或使用工具前栅格化文字图层。栅格化将文字图层转换为正常图层，并使其内容不能再作为文本编辑。若选择了栅格化文字图层的命令或工具，则出现一条警告信息，有些警告信息提供了【确定】按钮，单击此按钮即可栅格化图层；或者执行【图层】>【栅格化】>【文字】命令，也可以完成栅格化文字图层操作，将其转换成普通图层，如图 6-59 所示。

图 6-59

6.8 综合案例——制作购物网站产品主图

学习要求

某家电电商销售公司，为了迎接双十二购物节的电商大促活动，准备将本公司的新产品在双十二购物节中进行预售促销活动，现需要制作购物网站页面的产品主图，要求展示促销信息，且美观大方。

知识要点提示

- 图层样式的应用。
- 选区与形状工具的应用。

操作步骤

01 执行【文件】>【新建】命令，在弹出的【新建文档】对话框中设置文件的尺寸、大小等参数，如图 6-60 所示；设置完成后，单击【确定】按钮，创建一个空白文档，如图 6-61 所示。

图 6-60   图 6-61

02 执行【文件】>【打开】命令，在弹出的【打开】对话框中选择"素材/第6章/产品主图.jpg"文件并打开，效果如图 6-62 所示。

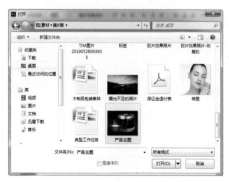

图 6-62

03 选择工具箱中的【钢笔工具】，在如图 6-63 所示的位置单击鼠标左键创建一个锚点，然后沿着产品的边缘创建一条封闭的路径，效果如图 6-64 所示。

图 6-63　　　　　　　　　　　　　　　　图 6-64

04 按【Ctrl+Enter】组合键，将创建的闭合路径生成一个选区，效果如图 6-65 所示，执行【编辑】>【拷贝】命令，将选区内的图像进行复制。

05 切换到创建的"购物网站产品主图"文件，执行【编辑】>【粘贴】命令，粘贴刚才复制的图像，得到的图像效果如图 6-66 所示。

图 6-65　　　　　　　　　　　　　　　　图 6-66

06 按【Ctrl+T】组合键，弹出自由变换调整定界框，按住【Shift】键拖曳鼠标缩放图像，将图像调整到合适的位置，调整完成后，按【Enter】键确认，效果如图 6-67 所示。

07 执行【文件】>【打开】命令，在弹出的【打开】对话框中打开图像素材"促销标志 .jpg"，执行【编辑】>【拷贝】命令；切换到创建的"购物网站产品主图"文件，执行【编辑】>【粘贴】命令，粘贴刚才复制的图像；按【Ctrl+T】组合键，再按住【Shift】键拖曳鼠标缩放图像，将图像调整到合适的位置；调整完成后，按【Enter】键确认，效果如图 6-68 所示。

图 6-67　　　　　　　　　　　　　　图 6-68

08 选择工具箱中的【矩形选框工具】，在图像的下方按住鼠标左键拖曳创建一个选区，效果如图 6-69 所示。

09 单击【拾色器】中的前景色图标，在弹出的【拾色器（前景色）】对话框中设置颜色参数，如图 6-70 所示。

图 6-69　　　　　　　　　　　　　　图 6-70

10 设置完成后，按【Alt+Delete】组合键将前景色填充到创建的选区中，效果如图 6-71 所示。单击【图层】面板上的【创建新图层】按钮，创建一个新的图层"图层 3"，如图 6-72 所示。

图 6-71　　　　　　　　　　　　　　图 6-72

11 单击工具箱中的【拾色器】按钮，在弹出的【拾色器（前景色）】对话框中设置颜色参数，如图 6-73 所示，设置完成后单击【确定】按钮。

12 选择工具箱中的【圆角矩形工具】，在圆角矩形工具选项栏中设置属性为"形状"，【填充】颜色设置为刚才创建的"前景色"，完成后，按住鼠标左键拖曳创建一个圆角矩形，效果如图 6-74 所示。

图 6-73 图 6-74

13 执行【窗口】>【属性】命令，打开【属性】面板，设置参数如图 6-75 所示，将圆角矩形的上面两个角修改为直角，效果如图 6-76 所示。

图 6-75 图 6-76

14 再次选择工具箱中的【圆角矩形工具】，在【属性】面板中设置圆角的像素值均为"12"，设置【拾色器（前景色）】对话框中的参数，如图 6-77 所示；设置完成后，单击【确定】按钮，按住鼠标左键拖曳创建一个圆角矩形，效果如图 6-78 所示。

图 6-77 图 6-78

15 再次使用工具箱中的【圆角矩形工具】，单击工具箱中的【拾色器】按钮，在弹出的【拾色器（前景色）】对话框中设置参数，如图 6-79 所示；设置完成后，单击【确定】按钮，再在【属性】面板中设置参数，如图 6-80 所示。

图 6-79 图 6-80

16 设置完成后，按住鼠标左键拖曳创建一个圆角矩形，效果如图 6-81 所示。然后单击【图层】面板上的【添加图层样式】按钮 _fx_，在弹出的快捷菜单中执行【斜面和浮雕】命令，为"圆角矩形 3"图层添加一个图层样式，在弹出的【图层样式】对话框中设置斜面和浮雕参数，如图 6-82 所示。

图 6-81 图 6-82

17 设置完成后，单击【确定】按钮，效果如图 6-83 所示。执行【文件】>【置入链接的智能对象】命令，在弹出的对话框中选择要置入的图像素材"素材 / 第 6 章 / 双十二 logo"，然后单击【置入】按钮，弹出【打开为智能对象】对话框，设置参数如图 6-84 所示，单击【确定】按钮置入图像。

18 按住【Shift】键拖曳鼠标缩放图像，调整到合适的大小，如图 6-85 所示；然后按【Enter】键确定，再使用【选择工具】将其移动到图像的右上角，如图 6-86 所示。

图 6-83   图 6-84

图 6-85   图 6-86

19 选择工具箱中的【横排文字工具】，在文档中单击鼠标左键，输入文本"保价双十二 买贵退差价"，在横排文字工具选项栏中设置【字体】为"方正粗黑宋简体"，【颜色】为"白色"，【字号】为"60 点"，设置完成后使用【移动工具】将其移动到如图 6-87 所示的位置。

20 选择工具箱中的【横排文字工具】，在文档中单击鼠标左键，输入文本"预售提前抢"，在横排文字工具选项栏中设置【字体】为"方正中等线简体"，【颜色】为"R=180，G=27，B=22"，【字号】为"100 点"，设置完成后使用【移动工具】将其移动到如图 6-88 所示的位置。

图 6-87   图 6-88

21 选择工具箱中的【横排文字工具】，在文档中单击鼠标左键，输入文本"预售到手价"，在横排文字工具选项栏中设置【字体】为"方正中等线简体"，【颜色】为"R=180，G=27，B=22"，【字号】为"36点"，设置完成后使用【移动工具】将其移动到如图6-89所示的位置。

22 选择工具箱中的【横排文字工具】，在文档中单击鼠标左键，输入文本"1212"，在横排文字工具选项栏中设置【字体】为"方正粗黑简体"，【颜色】为"R=180，G=27，B=22"，【字号】为"60点"，设置完成后使用【移动工具】将其移动到如图6-90所示的位置。

图 6-89   图 6-90

23 选择工具箱中的【横排文字工具】，在文档中单击鼠标左键，输入文本"立即抢购"，在横排文字工具选项栏中设置【字体】为"方正粗黑简体"，【颜色】为"R=180，G=27，B=22"，【字号】为"36点"，设置完成后使用【移动工具】将其移动到如图6-91所示的位置。

24 执行【文件】>【另存为】命令，在弹出的【另存为】对话框中设置参数，如图6-92所示，单击【保存】按钮保存文件。

图 6-91   图 6-92

6.9 本章小结

本章主要讲解 Photoshop 的图层基础知识、编辑图层的方法及图层的样式和混合模式。其中，混合模式是平面设计中经常用到的功能。通过对图层知识的讲解，能够让用户在使用图层的过程中巧妙地结合图层的有关功能，创建丰富多彩的特效，制作视觉效果更好的图像作品。

6.10 本章习题

选择题

（1）在哪种情况下可以利用图层和图层之间的关系创建特殊效果？（　　　）

    A. 需要将多个图层进行移动或编辑

    B. 需要移动链接的图层

    C. 使用一个图层成为另一个图层的蒙版

    D. 需要隐藏某个图层中的透明区域

（2）下面哪种方法可以将填充图层转换为普通图层？（　　　）

    A. 双击【图层】面板中的【填充图层】图标

    B. 执行【图层】＞【栅格化】＞【填充内容】命令

    C. 按住【Alt】键单击【图层】面板中的【填充图层】图标

    D. 执行【图层】＞【改变图层内容】命令

（3）字符文字可以通过下面哪个命令转换为段落文字？（　　　）

    A. 转换为段落文字　　B. 文字　　　　　　C. 链接图层　　　　　D. 所有图层

（4）下面哪种类型的图层可以将图像自动对齐和分布？（　　　）

    A. 调节图层　　　　　B. 链接图层　　　　C. 填充图层　　　　　D. 背景图层

第7章

蒙版与通道

　　使用 Photoshop 的蒙版和通道进行图像处理，就像进入一个黑白电影的世界，这里所有图像的显示都只有黑白灰三种颜色，掌握这三种颜色所代表的意义，就可以真正理解蒙版和通道。

本章学习要点

- 🌢 蒙版的基本操作
- 🌢 蒙版黑白灰的含义
- 🌢 通道基础知识
- 🌢 应用蒙版和通道抠选较复杂的图像

7.1 蒙版基础知识

蒙版主要用于图像的合成。蒙版建立在图层上，通过控制所选择图层图像的显示和隐藏，实现图像的合成。在 Photoshop 中，蒙版分为快速蒙版、图层蒙版、矢量蒙版和剪贴蒙版。在这 4 类蒙版中，图层蒙版是最重要的，因此下面重点介绍图层蒙版。

要学习与蒙版有关的知识，最关键的是能理解蒙版的黑白灰三色与显示图像、隐藏图像的关系，以及黑白灰三色与选区的关系。

7.1.1 蒙版黑白灰三色的含义

蒙版通过其上的黑白灰三色来表示选区的选择状态，并能控制图像的显示和隐藏。只有清楚黑白灰三色的真正含义，才能真正掌握使用蒙版的技巧，从而合成出高质量的图像。本节重点介绍图层蒙版的黑白灰含义，这个含义对其他类型的蒙版也适用。对于图像的选择，初学者往往只停留在范围选择，即只能根据蚂蚁线的范围来判断选择是否存在、选择的范围有多大。而进入蒙版的学习，就会明白选择不仅有范围，还有程度，即选择的深度。通过学习蒙版，也可以摆脱蚂蚁线的束缚，从而进入黑白灰的世界，通过黑白灰的显示来判断选区的范围和选区的选择程度。蒙版上的黑白灰三色是判断选择程度的依据。蒙版中包含选区的相关信息，并且可以和选区相互置换。

在图层蒙版中，黑色表示不选择，白色表示全部选择，灰色表示部分选择；所表示的屏蔽作用分别为完全屏蔽、完全显示和部分屏蔽，如图 7-1 所示。

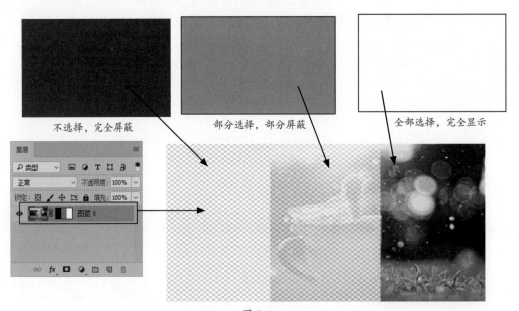

不选择，完全屏蔽　　　部分选择，部分屏蔽　　　全部选择，完全显示

图 7-1

由于蒙版上的黑白灰三色只适用于控制屏蔽和显示的区域，所以无论哪种工具、哪种命令，只要能编辑蒙版上的这三种颜色就可以使用。图层上的图像需要屏蔽的地方显示黑色，需要半屏蔽的地方显示灰色，完全显示的地方显示白色。无论蒙版上的图案多么复杂，只要能准确判断黑白灰所产生的效果，就能准确地判断图像。

当文件中存在选区时，可将选区直接转换成蒙版，方法是单击【图层】面板的【添加图层蒙版】按钮。此时可以继续编辑该蒙版，在需要显示的地方着白色，需要屏蔽处着黑色。蒙版中包含选区信息，按住【Ctrl】键并单击蒙版，蚂蚁线出现在文件中，蒙版的选区被调用出来，如图 7-2～图 7-4 所示。

图 7-2　　　　　　　　　　　　　　　　图 7-3

图 7-4

7.1.2　快速蒙版

快速蒙版用于快速地修改图像的选区。在 Photoshop 中，直接编辑和修改选区的方式并不多，而且在编辑的时候常常由于操作失误而将创建的选区丢失，所以可以将选区转换为快速蒙版，然后放心大胆地使用多种工具或命令来编辑这个蒙版，最后转换成选区即可，如图 7-5所示。

图 7-5

使用快速蒙版时可以选用多种工具和选项来编辑快速蒙版，如滤镜和调整命令等，这样调整后得到的选区将更加符合实际需要。

单击工具箱中的 按钮可以创建快速蒙版，若当前使用的文件中有选中的选区，则选区内（即选中的部分）显示为图像原有色，选区外（即没有选中的区域）显示为深红色。当建立了快速蒙版后，就可以用选择工具或命令对蒙版进行修改了。编辑完成后单击 按钮可以将蒙版转换成选区，如图 7-6 所示。

创建一个选区后添加快速蒙版　　　　选中区域本色显示，未选区域覆　　　单击快速蒙版按钮，
　　　　　　　　　　　　　　　　　　　　盖深红色　　　　　　　　　选区编辑完成

图 7-6

快速蒙版是叠加在图层上的一块遮片，其上只能增加黑白灰三色，因此理解这三种颜色与选区之间所存在的联系十分必要。当对文件中某区域添加黑色时，文档显示为该区域被叠印上一层深红色；当添加灰色时，文档则显示为叠印一层浅红色；添加白色时则本色显示。深红色（即黑色）表示该区域不被选择，浅红色（即灰色）表示该区域的部分图像被选择，本色（即白色）表示全部区域被选择，如图 7-7 所示。

　　白色表示全选　　　　　　　　　　灰色表示半选　　　　　　　　　黑色表示不选

复制得到全部像素　　　　　　　　复制得到部分像素　　　　　　　复制得不到像素

图 7-7

单击 按钮可以在快速蒙版和选区之间切换，此时应该注意当前编辑的对象是图层还是快速蒙版，可以通过标题栏进行判断，如图 7-8 所示。

图 7-8

7.1.3 图层蒙版

图层蒙版是经常使用的蒙版，该蒙版通过有选择、有程度地显示和隐藏图层中的像素，实现图层之间的图像合成。图层蒙版必须依附在图层上，除背景图层外其他类型的图层都可以建立蒙版，如图 7-9 所示。

图 7-9

建立图层蒙版有两种方法。第一种是在激活需要建立蒙版的图层后，执行【图层】>【图层蒙版】子菜单中的命令，选择的命令不同，得到的蒙版也不同，如图 7-10 所示。

图 7-10

第二种是在激活需要建立蒙版的图层后，单击【图层】面板中的 ▣ 按钮，就能得到图层蒙版，如图 7-11 所示。

图 7-11

建立图层蒙版后可应用多种工具和命令对其进行编辑修饰，在编辑修饰前要确定此时操作的对象是图层还是蒙版，如图 7-12 所示。

图 7-12

可编辑蒙版的工具和命令非常多，如【仿制图章工具】、【橡皮擦工具】和【渐变工具】等，但蒙版上的颜色只能有黑白灰三种颜色，因此在蒙版上的所有操作就像编辑一张灰度图，如图 7-13 所示。

图 7-13

使用蒙版可以使两个图层相融合，这与使用【橡皮擦工具】的作用一致。使用【橡皮擦工具】直接在图像上进行操作，若对融合的效果不满意，很难使图像恢复原貌；蒙版不直接作用在图像上，它可以使用户对不满意的效果继续编辑修改或直接将蒙版删除，而原图不会受到任何影响。

> **提示**
>
> 　　如果要直接观察蒙版，可按住【Alt】键并单击蒙版缩览图，当前文档的图像内容就切换为蒙版显示。若要切换回图层显示，只需单击图层缩览图即可。

　　选择图层蒙版后右键单击，在弹出的快捷菜单中执行相应的命令可以控制蒙版。执行【停用图层蒙版】命令可以将蒙版暂时关闭，图层内容将被完整地显示出来。此时蒙版缩览图上出现一个红叉，表示蒙版被关闭，若要恢复启用蒙版，则单击图层蒙版缩览图即可，如图 7-14 所示。

图 7-14

　　使用【删除图层蒙版】命令可以将蒙版删除，与此同时蒙版的作用也随之消失；【应用图层蒙版】命令用于将蒙版删除的同时将蒙版应用到图层图像上；【添加蒙版到选区】、【从选区中减去蒙版】、【蒙版与选区交叉】是将蒙版转换为选区的 3 个命令，如图 7-15 所示。

图 7-15

　　在某个图层上建立的蒙版可以移动到其他图层上，在【图层】面板的蒙版缩览图上按住鼠标左键拖曳到其他图层缩览图上时松开鼠标左键即可，如图 7-16 所示。按住【Alt】键并拖曳图层蒙版，可以复制该蒙版到其他图层上；按住【Alt+Shift】组合键并拖曳图层蒙版，可以复制一个反相的蒙版到其他图层上，如图 7-17 所示。

图 7-16   图 7-17

7.1.4 矢量蒙版

蒙版的另一种形式是矢量蒙版，即通过路径建立蒙版来操纵图层像素的显示和隐藏，路径区域内为显示，路径区域外为屏蔽。在【图层】面板的【添加矢量蒙版】按钮上双击，居于图层栏右侧的蒙版缩览图表示矢量蒙版，如图 7-18 所示。

图 7-18

在矢量蒙版中，路径内为白色，表示图像的显示区域；路径外为灰色，表示图像的屏蔽区域。由于路径的矢量性，矢量蒙版只有显示和屏蔽效果，不能出现部分屏蔽的效果，如图 7-19 所示。图层图像的显示和屏蔽优先考虑矢量蒙版的范围，只有在矢量蒙版的显示范围内，图层蒙版才能产生作用，如图 7-20 所示。

图 7-19   图 7-20

如果已经在文件中建立路径，双击【图层】面板的【添加矢量蒙版】按钮，即可将路径转换成矢量蒙版，如图 7-21 所示；如果没有建立路径，可以在添加矢量蒙版后，在激活的矢量蒙版上绘制路径，该路径将直接被应用到矢量蒙版中，如图 7-22 所示。

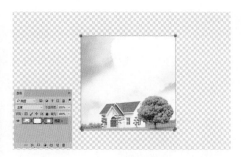

图 7-21　　　　　　　　　　　　　　　　　　　　　　图 7-22

 提示

使用【矢量工具】绘制路径时，可在矢量工具选项栏中单击【形状图层】按钮，绘制的路径将直接应用为矢量蒙版，如图 7-23 所示。

图 7-23

右键单击矢量蒙版缩览图，在弹出的快捷菜单中执行【停用矢量蒙版】命令可以暂时关闭矢量蒙版；执行【删除矢量蒙版】命令可以将矢量蒙版直接删除；执行【栅格化矢量蒙版】命令可以将矢量蒙版转换成图层蒙版。矢量蒙版中的路径与普通路径相同，如果要编辑该路径，只能通过工具箱中的【矢量工具】进行编辑，如使用【路径选择工具】移动路径或使用【直接选择工具】调整路径的锚点。

7.1.5　剪贴蒙版

剪贴蒙版是直接根据图层中的透明度来获得的蒙版效果。建立了剪贴蒙版的图层，由下层图层的透明度来决定本层图像的显示和屏蔽的区域，不透明的区域完全显示，透明的区域被完全屏蔽，半透明的区域部分显示，如图 7-24 所示。

图 7-24

剪贴蒙版的建立方法有 3 种。第 1 种是选中需要建立剪贴蒙版的图层后，执行【图层】>

【创建剪贴蒙版】命令；第 2 种是在【图层】面板的图层上右键单击，执行快捷菜单中的【创建剪贴蒙版】命令；第 3 种是按住【Alt】键，移动光标到两个图层间的分隔线上，光标变为▓时单击。若要取消剪贴蒙版，使用同样的操作即可，如图 7-25 所示。

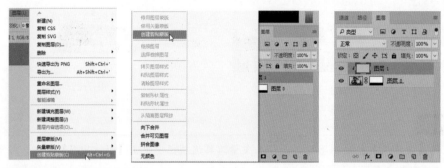

图 7-25

ℹ️ 提示

在使用蒙版前要了解各种蒙版的特点，如果只为了快速地编辑选区，应该使用快速蒙版；为实现一个复杂的图像拼合而制作的较为复杂的蒙版，应该选用图层蒙版；如果需要图像拼合的边缘很硬，可以选择矢量蒙版；如果需要根据下层图像来屏蔽本层图像，可以选择剪贴蒙版。

7.2 通道基础知识

通道的功能是存储颜色信息和选区信息，并用 256 灰阶记载图像的颜色信息和选区信息。

7.2.1 认识通道

图像文件的通道信息都被放置在【通道】面板中。通道与文件的颜色模式有关。通道分为 3 类：颜色通道、Alpha 通道和专色通道。颜色通道包含复合通道和原色通道，如图 7-26 所示。

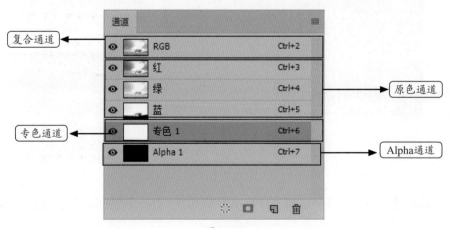

图 7-26

最常见的图像模式是 RGB 颜色模式和 CMYK 颜色模式，本节主要介绍这两种颜色模式图像的通道。【通道】面板与【图层】面板有些相似，复合通道中显示的缩览图与文件显示图像一致，复合通道下方是组成图像色彩的原色通道；每个通道缩览图的左侧是关闭 / 显示图标，用于显示和隐藏该通道；【通道】面板下方分布的按钮用来编辑通道，如图 7-27 所示。

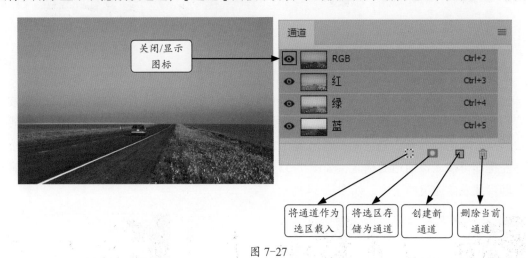

图 7-27

7.2.2　**通道的基础编辑**

通过【通道】面板可以对通道进行编辑操作，如选择通道、通道和选区互换、新建和复制通道、删除通道等。

1. 选择通道

默认状态下，复合通道处于选中状态，此时复合通道显示为蓝色，并且原色通道也显示为蓝色，如图 7-28 所示。在某个原色通道栏处单击使其蓝显，表示当前选择的是该原色通道，此时其他通道的"眼睛"图标自动关闭，文件图像显示为当前激活的通道，如图 7-29 所示。可以通过标题栏上的显示信息得知当前选中的是哪个通道。

图 7-28

图 7-29

当单独的原色通道处于选中状态时，表示操作的是当前激活图层的选中通道，启动其余通道的"眼睛"图标可以观察图像效果，如图 7-30 所示。当单独选中原色通道时，一些功能将不能使用，如移动普通图层的图像，如图 7-31 所示。

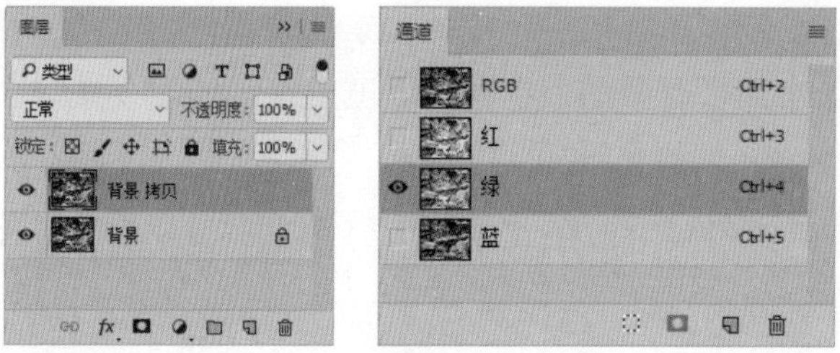

图 7-30

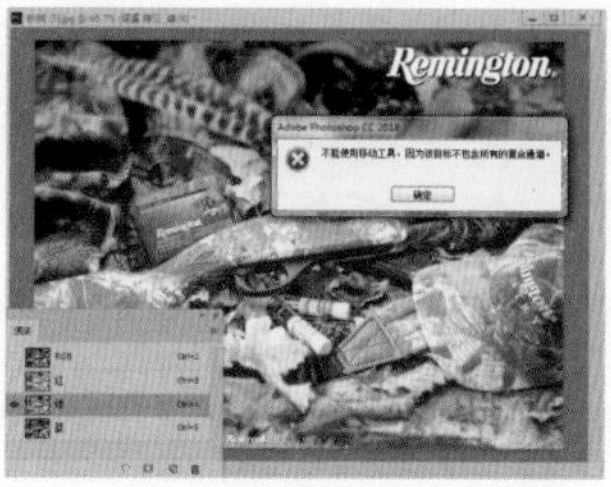

图 7-31

2. 通道和选区互换

通道包括选择信息，也是存储选区的场所。若文件中有选区，单击按钮可以将该选区存储为 Alpha 通道，如图 7-32 所示。调用通道中的选区有 3 种方法：第 1 种是选中某个通道，然后单击按钮，选区蚂蚁线出现在文档中；第 2 种是将通道拖动到按钮上，松开鼠标左键即可载入该通道的选区，如图 7-33 所示；第 3 种是按住【Ctrl】键并单击通道缩览图，即可载入该通道的选区，如图 7-34 所示。

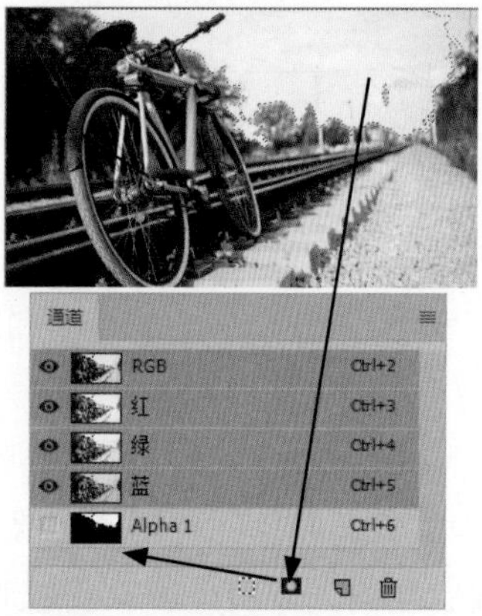

图 7-32

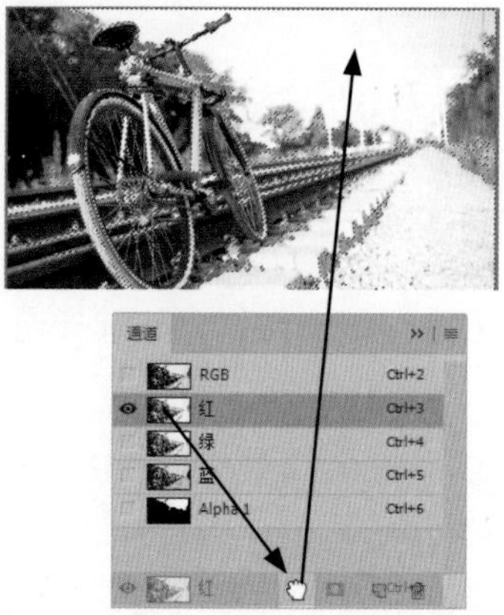

图 7-33

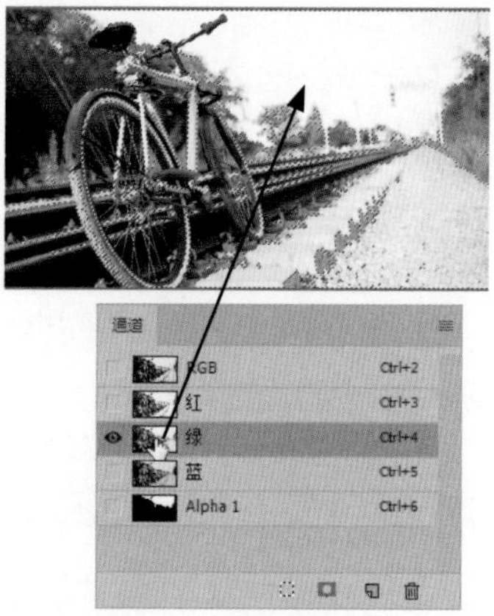

图 7-34

3. 新建和复制通道

在【通道】面板中单击按钮，新建一个黑色的 Alpha1 通道，并且新建的通道自动处于激活状态，如图 7-35 所示；将某个通道（除复合通道外）拖动到按钮上松开鼠标左键，即可复制该通道为 Alpha 通道，如图 7-36 所示。

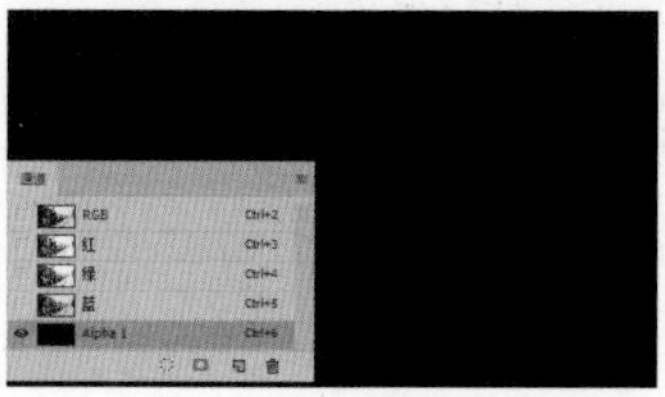

图 7-35

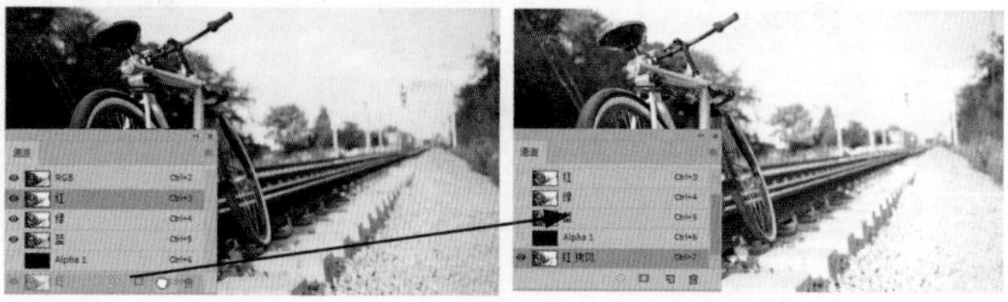

图 7-36

4. 删除通道

选中某个通道，单击按钮，可将该通道删除，如图 7-37 所示；也可以将通道拖动到

█ 按钮上，松开鼠标左键即可删除该通道，如图 7-38 和图 7-39 所示。

图 7-37

图 7-38

图 7-39

 提示

　　除颜色通道不能重新编辑名称外，其他通道均可执行重命名操作。方法是双击通道的名称，出现编辑框，输入文字即可重新命名。

7.2.3　通道的其他编辑方法

　　修改所有通道可以运用多种工具和命令，如编辑颜色通道可以调整图像的颜色，编辑 Alpha 通道可以创建复杂的选区。自如地使用并编辑通道可以设计出绚丽的特效。

1. 编辑颜色通道

　　颜色通道包含图像的颜色和选区信息，可以通过编辑颜色通道来调整图像的色相，使用色阶、曲线等调整命令来编辑通道，如图 7-40 和图 7-41 所示。

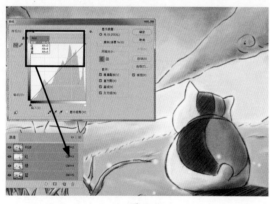
图 7-40

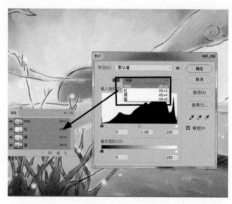
图 7-41

2. 编辑 Alpha 通道

　　如果需要制作复杂的选区，可以使用多种工具和命令来编辑 Alpha 通道。由于 Alpha 通道只包含选区信息，不包含图像的颜色信息，因此对 Alpha 通道进行编辑不会修改图像的颜色。

　　（1）用工具编辑 Alpha 通道

　　凡是用于编辑图像像素的工具都可以用来编辑通道，如【画笔工具】、【渐变工具】、【橡皮擦工具】、【加深工具】、【减淡工具】等，如图 7-42 所示。

 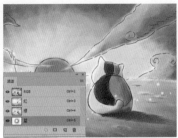 

图 7-42

（2）用滤镜编辑 Alpha 通道

Alpha 通道可以用多种滤镜来编辑，如模糊、马赛克、素描等滤镜。编辑 Alpha 通道相当于编辑一张灰度图，如图 7-43 所示。

动感模糊   马赛克

图 7-43

7.3 通道的高级应用

要想深入了解通道，必须深刻理解通道与颜色的关系，通过通道中的黑白灰三色，就能准确地判断图像的颜色与选区的选择程度。下面针对最常用的 RGB 颜色模式和 CMYK 颜色模式的通道进行讲解。

7.3.1 RGB 通道

1．RGB 通道与颜色的关系

RGB 颜色模式的图像通道分为 1 个复合通道和 3 个原色通道。原色通道使用 0 ～ 255 的 256 个灰阶来记录图像的颜色信息，0 表示黑色（即没有颜色），128 表示中间灰色（即有部分颜色），255 表示白色（即颜色含量最多）。在通道中颜色的含量越多，通道就越亮（白），如图 7-44 所示。

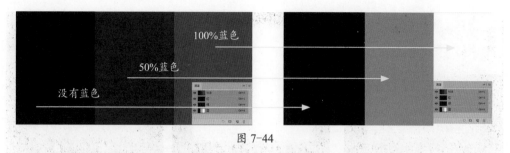

图 7-44

当理解通道记录颜色信息的形式后，可以通过图像的颜色推断出原色通道中黑白灰三色的分布，同时能通过通道的色阶分布来准确判断出图像的颜色，如图 7-45 所示。

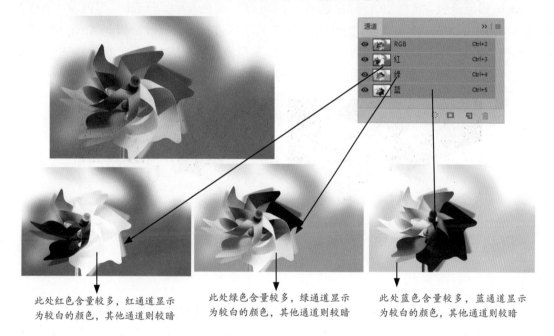

此处红色含量较多，红通道显示为较白的颜色，其他通道则较暗

此处绿色含量较多，绿通道显示为较白的颜色，其他通道则较暗

此处蓝色含量较多，蓝通道显示为较白的颜色，其他通道则较暗

图 7-45

RGB 颜色模式是色光加色的模式，通过 RGB 三色光的相互叠加来形成多种颜色，好像在一个类似于冲洗照片的暗房里，分别照射强度值为 255 的 3 个 RGB 色光在墙上的同一个地方，并且在光源前分别放置一个遮片，黑色表示不透光，白色代表透明、完全透光，灰色表示能透过部分光，透过遮片的色光会在墙上进行混合叠加从而形成颜色，即我们看到的彩色图像。

2. RGB 通道与选区的关系

通道包含选区信息，通道用 0 ~ 255 共 256 个灰阶来记录图像中选区的选择程度，白色表示全部选择，灰色表示部分选择，黑色表示不选择。按住【Ctrl】键，然后单击某个原色通道，蚂蚁线出现在文件中，可以看到黑白灰三色与选区的关系，如图 7-46 所示。

图 7-46

Alpha 通道只包含选区的信息，白色表示全部选择，灰色表示部分选择，黑色表示不选择。在实际应用中，Alpha 通道主要用于存储选区和对选区进行编辑修改，因此 Alpha 通道是存储和编辑选区的场所。除了颜色通道和专色通道，其他的通道都是 Alpha 通道，如新建的通道、复制的原色通道副本、蒙版等，如图 7-47 和图 7-48 所示。

图 7-47

图 7-48

7.3.2 CMYK 通道

CMYK 颜色模式是常用的颜色模式。CMYK 颜色模式的图像包括 5 个通道：1 个复合通道和 4 个原色通道。CMYK 通道记录颜色的方式与 RGB 相反，比较黑的地方表示颜色含量较多，黑色表示颜色含量最多，灰色表示有部分颜色，白色表示没有颜色，如图 7-49 所示。

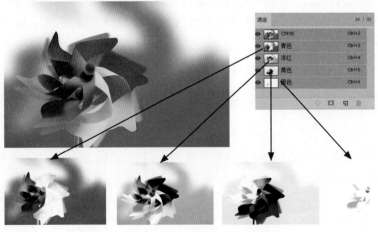

图 7-49

CMYK 颜色模式是色光减色的模式，即模拟 4 种油墨的混合叠加来形成多种颜色，好像在白纸上放置一张遮片，用青色油墨墨辊碾过，遮片黑色区域吸收青色油墨，并传递到纸上显示青色，白色区域没有油墨显示为纸张的白色，灰色区域传递部分油墨显示淡青色，在同样位置以同样方法印上其他几种油墨，在纸上就能看到五颜六色的图像，如图 7-50 所示。

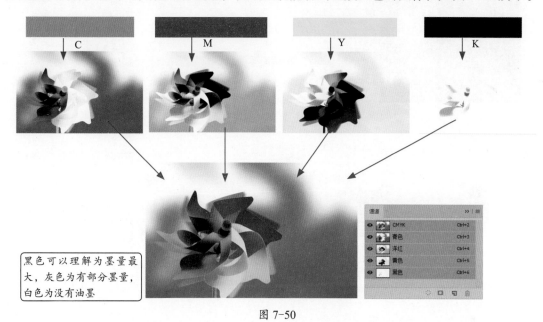

图 7-50

CMYK 颜色模式的通道与 RGB 颜色模式一样，白色表示全部选择，灰色表示部分选择，黑色表示不选择。

7.3.3　专色通道

专色是一种特殊的印刷颜色，在使用 Photoshop 进行设计时，如果需要使用专色，就应该设置专色通道。因为 CMYK 颜色模式是印刷专用的颜色模式，因此需要设置专色的图像颜色模式为 CMYK 颜色模式。专色通道也用黑白灰三色来记录颜色信息，与 CMYK 原色通道记录方式一样，黑色表示颜色最多，灰色表示部分颜色，白色表示没有颜色，如图 7-51 所示。

图 7-51

专色通道记录的选区信息与其他通道都不一样，黑色表示全选，灰色表示半选，白色表示不选。

专色通道与 Alpha 通道一样，可以将选区转换成专色通道，如图 7-52 所示；也可以在建立专色通道后，在其上绘制颜色，如图 7-53 和图 7-54 所示。

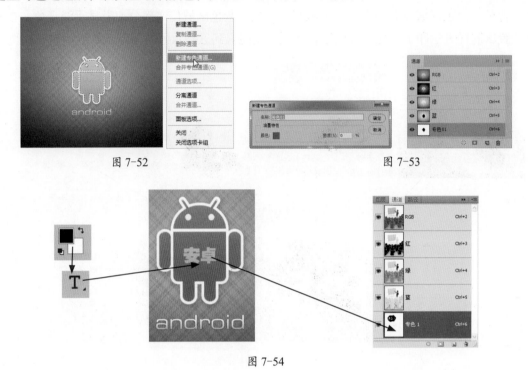

图 7-52   图 7-53

图 7-54

专色在实际应用时比较复杂。使用印刷的专色（如印刷专金、专银色等）需要设置专色通道，一些印后工艺（如 UV、烫金、起凸、模切等）也需要设置专色通道。在设置专色通道时，要注意三要素：位置、形状、大小。在设计专色前，应确定在何处设置专色，需要设置什么形状的专色，以及设置多大面面积的专色。

7.4 综合案例——婚纱照片抠图与图像合成

学习目的

本案例通过对婚纱照片的抠图处理与图像合成的练习，掌握【钢笔工具】的用法；通过通道及图层蒙版的使用，熟悉图层蒙版的基本操作，理解图层蒙版的功能，完成具有独特视觉效果的画面。

知识要点提示

- 通道与选区的转换。
- 【钢笔工具】的应用。

操作步骤

01 打开 Photoshop CC，执行【文件】>【打开】命令，弹出【打开】对话框，单击【查找范围】右侧的下三角按钮，打开"素材 / 第 7 章 / 婚纱素材 - 处理 .jpg"文件，单击【打开】按钮，如图 7-55 所示。

图 7-55

02 使用同样的方法打开"素材 / 第 7 章 / 婚纱模板 .psd"文件，如图 7-56 所示。

图 7-56

03 切换到"婚纱素材"文档，选中【背景】图层，按住鼠标左键将其拖曳到【创建新图层】按钮上，创建一个【背景拷贝】图层，如图 7-57 所示，选择【图层】面板中的【背景】图层，再选择工具箱中的【钢笔工具】，沿着人物的轮廓创建一个闭合的路径，效果如图 7-58 所示。

图 7-57   图 7-58

04 按【Ctrl+Enter】组合键将人物轮廓的路径转换成选区，效果如图 7-59 所示。双击【背景】图层，在弹出的【新建图层】对话框中单击【确定】按钮，将【背景】图层解除锁定，变成普通图层，如图 7-60 所示。

图 7-59　　　　　　　　　　　　　　　图 7-60

05 按【Ctrl+Shift+I】组合键将创建的选区翻转，然后按【Delete】键将选区中的图像删除，按【Ctrl+D】组合键取消选区。选中【图层】面板中的【背景拷贝】图层，按住鼠标左键将其拖曳到【创建新图层】按钮上，创建一个【背景拷贝 2】图层，如图 7-61 所示。切换到【通道】面板，选中黑白对比度最强的【绿】通道，按住鼠标左键将其拖曳到【创建新通道】按钮上，创建一个【绿拷贝】通道，如图 7-62 所示。

 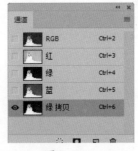

图 7-61　　　　　　　　　　　　　　　图 7-62

06 按【Ctrl+L】组合键，弹出【色阶】对话框，调整参数如图 7-63 所示，加强【绿拷贝】通道的黑白对比。

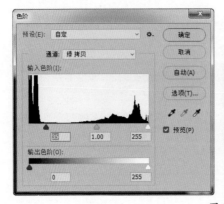 

图 7-63

07 按住【Ctrl】键单击【绿拷贝】通道缩览图，生成一个选区，按【Ctrl+Shift+I】组合键将创建的选区翻转，如图 7-64 所示。然后取消选择【绿拷贝】通道缩览图，选择【通道】面板中的【RGB】通道，如图 7-65 所示。

		图 7-64		图 7-65	

08 切换到【图层】面板，选择【背景拷贝】图层，然后按【Delete】键删除选中的像素，按【Ctrl+D】组合键取消选区。然后选择【背景拷贝 2】图层，再次切换到【通道】面板，选中【红】通道，按住鼠标左键将其拖曳到【创建新通道】按钮上，创建一个【红拷贝】通道，如图 7-66 所示。

图 7-66

09 执行【图像】>【调整】>【阈值】命令，在弹出的【阈值】对话框中调整参数，如图 7-67 所示。

图 7-67

10 调整完成后，单击【确定】按钮，效果如图 7-68 所示。然后使用工具箱中的【橡皮擦工具】，对图像中头发周围的黑色像素进行擦除，得到如图 7-69 所示的效果。

图 7-68   图 7-69

11 按住【Ctrl】键单击【红拷贝】通道缩览图，生成一个选区，如图 7-70 所示，然后取消选择【红拷贝】通道缩览图，选择【通道】面板中的【RGB】通道，如图 7-71 所示。

 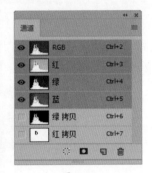

图 7-70   图 7-71

12 切换到【图层】面板，选择【背景拷贝 2】图层，然后按【Delete】键删除选中的像素，按【Ctrl+D】组合键取消选区，得到的图像效果如图 7-72 所示。按【Ctrl+Shift+E】组合键，将面板中的可见图层合并为一个图层，如图 7-73 所示。

图 7-72   图 7-73

13 按【Ctrl+A】组合键全选文件中的图像，按【Ctrl+C】组合键复制选中文件中的图像，切换到"婚纱背景"文档，按【Ctrl+V】组合键粘贴图像，效果如图 7-74 所示。

14 再次按【Ctrl+T】组合键弹出图像调整定界框，按住【Shift】键拖曳鼠标缩放图像，调整到合适位置，如图 7-75 所示。

图 7-74　　　　　　　　　　　　　　　　图 7-75

15 执行【图像】>【调整】>【曲线】命令，弹出【曲线】对话框，设置参数如图 7-76 所示，单击【确定】按钮，效果如图 7-77 所示。

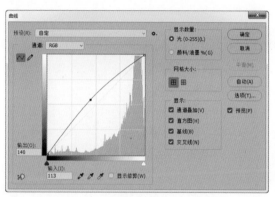
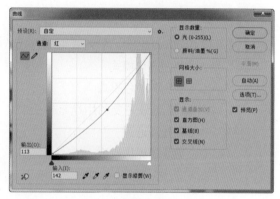

图 7-76　　　　　　　　　　　　　　　　图 7-77

16 调整完成后，得到的图像效果如图 7-78 所示；按【Ctrl+S】组合键保存文件，照片处理完成。

图 7-78

7.5　本章小结

　　蒙版和通道是 Photoshop 中较复杂的两个功能。蒙版用于图像的合成，通道是用于存储图层选区信息的特殊图层。在通道上可以进行绘画、编辑和滤镜处理等操作。本章将蒙版和通道结合讲解，读者能够更加深刻地理解蒙版和通道的区别，通过案例学会如何正确、合理地运用蒙版和通道，做出奇特、绚丽的画面效果。

7.6　本章习题

选择题

（1）在 Photoshop 中，下列哪组颜色模式的图像有两个以上的通道？（　　　）

    A．位图颜色模式　　　　　　　　　B．灰度颜色模式

    C．双色调颜色模式　　　　　　　　D．Lab颜色模式

（2）Alpha 通道最主要的用途是什么？（　　　）

    A．创建新通道　　　　　　　　　　B．保存图像色彩信息

    C．为路径提供通道　　　　　　　　D．存储和建立选择范围

第 **8** 章

文字与矢量工具

　　文字是设计作品中必不可少的元素，也是用来传达信息最直接的元素，同时还可以美化版面，突出要表达的主题。

　　Photoshop 工具箱中的【钢笔工具】和【形状工具】可以用于创建路径和各种形状，使用【钢笔工具】还可以绘制路径选取图像、创建选区。

本章学习要点

- ◆ 学会在 Photoshop 中创建文字
- ◆ 学会编辑段落文本、创建变形文字
- ◆ 掌握使用【钢笔工具】创建路径、绘制路径、转换路径锚点的方法
- ◆ 掌握路径与选区的相互变换方法

8.1 Photoshop 中的文字

在数字艺术设计作品中，使用 Photoshop 除了可以处理图像照片，还可以对文字进行设计与处理，即对文字进行输入、编辑、制作特效和排版等操作。

8.1.1 创建常用文字

1. 文字创建方法和创建工具

在 Photoshop 中，文字是以一个独立的图层形式存在的，以数学方式定义并由基于矢量的文字轮廓组成，这些轮廓用来描述字母、数字和符号。Photoshop 保留基于矢量的文字轮廓，并在缩放文字、存储 PDF 或 EPS 文件或将图像打印到 PostScript 打印机时使用它们。因此存在较大可能会生成带有与分辨率无关的犀利边缘的文字。

在 Photoshop 中，文字分为点文字、选区文字、路径文字 3 种类型。文字创建工具包括【横排文字工具】、【直排文字工具】、【横排文字蒙版工具】和【竖排文字蒙版工具】。

2. 文字工具选项栏

选择工具箱中的【文字工具】，在输入文字前，通过文字工具选项栏或【字符】面板可设置文字的属性，包括字体、字体大小、文本颜色等，如图 8-1 所示。

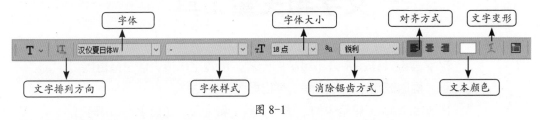

图 8-1

【文字排列方向】：设置文字的排列方向，单击该按钮可以将文字改为横排或竖排。

【字体】：改变文字的字体，在下拉列表中可以选择要使用的字体。

【字体样式】：设置字体的样式，包括规则、斜体、粗体和下画线等。图 8-2 所示为几种字体效果。

Photoshop	*Photoshop*	**Photoshop**	<u>Photoshop</u>
字体演示	字体演示	**字体演示**	<u>字体演示</u>
规则	斜体	粗体	下画线

图 8-2

【字体大小】：选择字体的大小，或直接输入数值来进行调整。

【消除锯齿方式】：为文字消除锯齿的选项。Photoshop 会通过部分填充边缘的像素来产生边缘平滑的文字，让文字的边缘混合到背景中而看不到边缘的锯齿。执行【图层】＞

【文字】>【消除锯齿方式为无】命令，也可以为文字消除锯齿，如图 8-3 所示。

　　【对齐方式】：设置多行文本的对齐方式，包括【左对齐文本】、【居中对齐文本】和【右对齐文本】，如图 8-4 所示。

| 图 8-3 | 图 8-4 |

　　【文本颜色】：单击颜色色块，在弹出的【选择文本颜色】对话框中可以选择要设置的文本颜色。

　　【文字变形】：创建变形的文字。单击此按钮弹出【变形文字】对话框为文本添加变形样式，创建变形的文字，如图 8-5 所示。

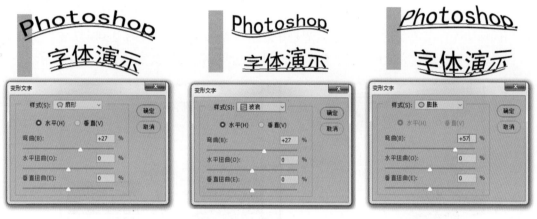

图 8-5

3. 创建点文字

　　点文字是一个水平或垂直的文本行。在输入点文字时，每行文字都是独立的一行，长度随着编辑增加或缩短，但不会自动换行。

　　打开一张图像，选择【横排文字工具】，在【字符】面板中设置【字体】为"方正北魏楷书简体"，【大小】为"36 点"，【颜色】为"黑色"，如图 8-6 所示。在需要输入文字的位置单击设置插入点，画面中出现一个闪烁的光标，输入"山水之间"，如图 8-7 所示。此时【图层】面板出现一个文字图层。

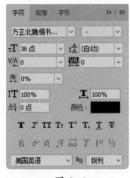

山水之间

图 8-6   图 8-7

4. 创建段落文字

大段的需要换行或分段的文字称为段落文字。在输入段落文字时，文字基于外框的尺寸自动换行。可以输入多个段落并选择段落调整选项，也可以将文字在矩形定界框内重新排列或使用矩形定界框来旋转、缩放和斜切文字。

打开一张图像，选择【横排文字工具】，在【字符】面板中设置【字体】为"方正北魏楷书简体"，【大小】为"16 点"，【颜色】为"黑色"。设置完成后，拖曳鼠标在图像的空白处创建一个矩形定界框，如图 8-8 所示。

当闪烁的光标出现在建好的矩形定界框中时可以输入文字，文字在达到定界框的界定位置时会自动换行。输入完成后，按【Ctrl+Enter】组合键创建段落文字，如图 8-9 所示。

图 8-8   图 8-9

8.1.2 创建特殊文字

1. 创建选区文字

要创建文字形状的选区，可以利用蒙版文字工具。选择【直排文字蒙版工具】，在图像上单击并输入文字，就可以创建文字选区或创建段落文字选区。

在文字工具选项栏中设置文本的字号、字体等参数后单击图像插入文本光标，输入文字，此时图像背景呈现淡红色，且文字为实体，如图 8-10 所示。在此状态下可以通过选中文字来改变其字号、字体等。

若要退出文字输入状态，可在文字工具选项栏中单击【提交所有当前编辑】按钮，或选择【选择工具】，即可得到如图 8-11 所示的文字选区效果。

图 8-10

图 8-11

2. 创建路径文字

路径文字是指在路径上输入的文字。当沿水平方向输入文字时，字符光标将沿着与基线垂直的路径出现；当沿垂直方向输入文字时，字符光标将沿着与基线平行的路径出现。文字因路径形状的改变而改变，当修改路径的形状时，文字也会随路径形状的改变而改变流向，如图 8-12 所示。

图 8-12

8.2　字符样式

在处理文字的过程中，应用最多的面板是【字符】面板。【字符】面板用来改变文字的属性。

在【字符】面板中可以更改文字的字体、字号、颜色、间距、缩放和基线偏移等属性，图 8-13 和图 8-14 所示为图像上的文字与相对应的【字符】面板中文字的属性。

图 8-13

图 8-14

1. 字体

字体是由一组具有相同粗细、宽度和样式的字符（如字母、数字和符号）构成的完整集合。设置字体时，在 Photoshop 中使用【横排文字工具】选中需要设置的文字，如图 8-15 所示，【字符】面板中选择相应的字体，如图 8-16 所示。

图 8-15   图 8-16

2. 字号

字号是指印刷用字的大小，即从字背到字腹的距离。通常所用的字号单位分为点数制和号数制两种。

选择工具箱中的【横排文字工具】，选中图像中的文字，打开【字符】面板，在【大小】下拉列表中选择需要的字号，或者直接输入字号值即可，如图 8-17 所示。

图 8-17

3. 行距

相邻行文字间的垂直间距称为行距。行距是通过测量一行文本的基线到上一行文本基线的距离得出的。

在【字符】面板的【行距】中通常显示行距默认值，行距值显示在圆括号中，也可删除行距默认值，而根据需要自行设置。

4. 字间距

字间距也称为字符间距，是指相邻字符之间的距离。在 Photoshop 中，字间距的默认值为"0"，调整其数值的大小可以改变字符间的距离。

5. 字体缩放比例

字体缩放比例分为水平缩放和垂直缩放两种，调整文字的缩放比例可以对文字的宽度和高度进行挤压或扩展，如图 8-18 所示。

图 8-18

6. 设置上标与下标

在输入如二次方、三次方等样式的字符时需要使用上标或下标。设置时首先选择要修改的文字，然后单击【字符】面板对应的【文字显示】按钮即可。图 8-19 所示为上标和下标效果。

　　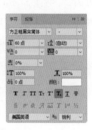

　　　　　　上标　　　　　　　　　　　　　　　　下标

图 8-19

8.3　段落样式

在 Photoshop 中输入文字的方式有两种。一种是点文字，每行即一个单独的段落；另一种是段落文字，一段可能有多行，具体视外框的尺寸而定。使用【段落】面板可以为文字图层中的单个段落、多个段落或全部段落设置格式。

使用【段落】面板可以更改列和段落的样式设置。执行【窗口】>【段落】命令，选择一种文字工具并单击工具选项栏中的【切换字符和段落面板】按钮，如图 8-20 所示。

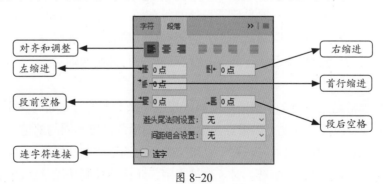

图 8-20

若要在【段落】面板中设置带有数字值的选项，可以直接在文本框中输入数值。在直接输入数值时，按【Enter】键可应用数值；按【Shift+Enter】组合键可应用数值，然后高光显示刚刚输入的数值；按【Tab】键可应用数值，并将操作焦点移到面板中的下一个文本框。

1. 对齐

在【段落】面板中可设置不同的段落排列方式，包括横排文字的左边、中心或右边对齐，直排文字的顶端、中心或底部对齐。

> **注意**
>
> 对齐选项只用于段落文字。

横排文字的对齐方式如下。

【左对齐文本】：将文字左端对齐，段落右端参差不齐。

【居中对齐文本】：将文字居中对齐，段落两端参差不齐。

【右对齐文本】：将文字右端对齐，段落左端参差不齐。

直排文字的对齐方式如下。

【顶对齐文本】：将文字顶端对齐，段落底端参差不齐。

【居中对齐文本】：将文字居中对齐，段落顶端和底部参差不齐。

【底对齐文本】：将文字底部对齐，段落顶端参差不齐。

两端对齐是指文字段落同时与两个边缘对齐，可以选择对齐段落中除最后一行外的所有文本，也可以选择对齐段落中包括最后一行在内的所有文本。选择两端对齐设置会影响各行的水平间距和文字在页面上的美感。两端对齐选项只用于段落文字，并确定文字、字母和符号的间距。在【段落】面板中，段落两端对齐选项分为以下几种。

横排文字的段落两端对齐选项如下。

【最后一行左对齐】：对齐除最后一行外的所有行，最后一行左对齐。

【最后一行居中对齐】：对齐除最后一行外的所有行，最后一行居中对齐。

【最后一行右对齐】：对齐除最后一行外的所有行，最后一行右对齐。

【全部对齐】：对齐包括最后一行的所有行，最后一行强制两端对齐。

直排文字的段落两端对齐选项如下。

【最后一行顶对齐】：对齐除最后一行外的所有行，最后一行顶对齐。

【最后一行居中对齐】：对齐除最后一行外的所有行，最后一行居中对齐。

【最后一行底对齐】：对齐除最后一行外的所有行，最后一行底对齐。

【全部对齐】：对齐包括最后一行的所有行，最后一行强制两端对齐。

2. 缩进

段落缩进用来指定文字与文字块边框之间或与包含该文字的行之间的间距量。缩进只影响选定的一个或多个段落，因此可以很容易地为不同的段落设置不同的缩进。

【左缩进】：从段落的左边缩进。对于直排文字，此选项控制从段落顶端的缩进。

【右缩进】：从段落的右边缩进。对于直排文字，此选项控制从段落底部的缩进。

【首行缩进】：缩进段落中的首行文字。对于横排文字，首行缩进与左缩进有关；对于直排文字，首行缩进与顶端缩进有关。要创建首行悬挂缩进，可输入一个负值。

8.4　转换文字

在 Photoshop 中，创建文字图层后可以将文字转换成普通图层进行编辑，也可以将文字图层转换成形状图层或生成路径。转换后的文字图层可以像普通图层一样进行移动、重新排列、复制等操作，还可以设置各种滤镜效果。

8.4.1　文字图层转换为普通图层

在 Photoshop 中，若要编辑文字图层，要先执行【图层】>【栅格化】>【文字】命令，将其转换为普通的像素图层。图 8-21 所示为文字图层对应的【图层】面板；图 8-22 所示为将文字图层转换为普通图层后的【图层】面板，此时图层上的文字完全变成了像素信息，不能再进行文字编辑，但可以执行所有针对图像可执行的命令。

图 8-21　　　　　　　　　　　　　　　图 8-22

8.4.2　文字图层转换为形状图层

执行【文字】>【转换为形状】命令，可以将文字转换为与其路径轮廓相同的形状，对应的文字图层也转换为与文字路径轮廓相同的形状图层，如图 8-23 所示。

图 8-23

8.4.3 生成路径

执行【文字】>【创建工作路径】命令，可以看到文字上有路径显示，在【路径】面板中可看到由文字图层得到的与文字外形相同的工作路径，如图 8-24 所示。

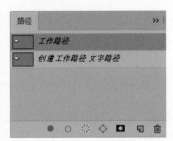

图 8-24

8.5 路径与矢量工具

在 Photoshop 中，可以使用【形状工具】、【钢笔工具】或【自由钢笔工具】绘制来创建矢量形状和路径。在 Photoshop 中必须从工具选项栏中选择绘图模式才可以进行绘图。选择的绘图模式将决定是在自身图层上创建矢量形状，还是在现有图层上创建工作路径，或是在现有图层上创建栅格化形状。

8.5.1 认识路径

路径和锚点是组成矢量图形最基本的元素。路径由一个或多个直线段或曲线段组成。锚点分为平滑点和角点两种，它用来连接路径，如图 8-25 所示。路径上的锚点有方向线，方向线的端点为方向点，用来调节路径曲线的方向。

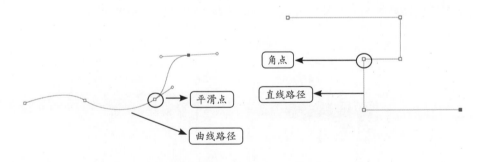

图 8-25

1. 锚点

路径上有一些矩形的小点，这些点称为锚点。锚点标记路径上线段的端点，通过调整锚点的位置和形态可以对路径进行各种变形调整操作。

2. 平滑点和角点

路径上的锚点有平滑点和角点两种。平滑点两侧的曲线是平滑过渡的，而角点两侧的曲线或直线在交点处产生一个相对于平滑曲线来说比较尖锐的角。

3. 方向线和方向点

当平滑点被选择时，它的两侧各显示一条方向线，方向线顶端为方向点，移动方向点的位置可以调整平滑点两侧的曲线形态。

> **ⓘ 提示**
>
> 路径是矢量对象，不包含像素，因此没有描边或填充的路径，在打印时不能被打印出来。

8.5.2 路径应用技巧

下面详细介绍路径抠图过程中的经验技巧，以及常见的问题，并针对每一个知识点准备了案例供练习。

1. 路径绘制工具

钢笔工具是 Photoshop 中默认的路径绘制工具。使用钢笔工具绘制的线条轮廓清晰、准确，只要将路径转换成选区，就可以准确地选择对象。

Photoshop 提供多种钢笔工具。标准【钢笔工具】用于绘制具有最高精度的图像；【自由钢笔工具】用于像使用铅笔在纸上绘图一样来绘制路径；【磁性钢笔工具】用于绘制与图像中已定义区域的边缘对齐的路径。可以组合使用【钢笔工具】和【形状工具】来创建复杂的形状。

使用标准的【钢笔工具】时，在钢笔工具选项栏中提供了以下选项，如图 8-26 所示。

图 8-26

【形状图层】：在单独的图层中创建形状。可以使用【形状工具】或【钢笔工具】来创建形状图层。因为可以方便地移动、对齐、分布形状图层及调整其大小，所以形状图层非常适于为 Web 页创建图形。在一个图层上可以绘制多个形状。形状图层包含定义形状颜色的填充图层及定义形状轮廓的链接矢量蒙版。形状轮廓是路径，出现在【路径】面板中。

【路径】：在当前图层中绘制一个工作路径，然后可使用它来创建选区、矢量蒙版，或者使用颜色填充和描边以创建栅格图形（与使用【绘图工具】非常类似）。除非存储工作路径，否则它是一个临时路径。路径出现在【路径】面板中。

【填充像素】：直接在图层上绘制，与【绘图工具】的功能非常类似。在此模式中创建的是栅格图像，不是矢量图形，可以像处理任何栅格图像一样来处理绘制的形状。在此模式中只能使用【形状工具】。

【自动添加 / 删除】：选中此复选框可在单击线段时添加锚点或删除锚点。

【对齐方式】：用于路径的对齐，包括左对齐、居中对齐、右对齐等。

【路径运算方式】：用于路径间的形状运算，包括合并形状、减去顶层形状及与形状区域相交等。

【路径排列顺序】：用于不同路径的层次排列顺序，包括将形状置于顶层、将形状前移一层，将形状后移一层及将形状置于底层。

（1）绘制直线路径

选择【钢笔工具】，单击钢笔工具选项栏中的【路径】按钮，将光标移动到工作区中单击，创建第一个锚点，移动光标到下一个位置单击创建下一个锚点，两个锚点连成一条直线，这样会创建一条开放路径，如图 8-27 所示。

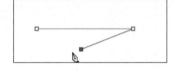

图 8-27

（2）绘制曲线路径

选择【钢笔工具】，单击钢笔工具选项栏中的【路径】按钮，将光标移动到工作区中单击，创建第一个锚点，拖曳鼠标创建下一个锚点，在拖动的过程中可以调节方向线的长度和方向，如图 8-28 所示。在调整锚点方向线的长度和方向时，会影响后续路径的方向，因此一定要控制好锚点的方向线。

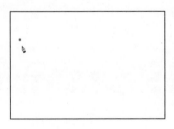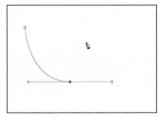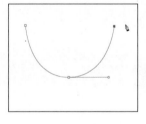

图 8-28

2. 找到合适的点

在使用路径创建选区时，需要放大视图，这样可以使绘制质量更高，因为放大视图可以保证在对象的边缘取点。为了建立高质量的路径，通常第一个点选在对象的拐角处，而不是直线处或平滑的曲线处，如图 8-29 所示；第二个点可以选在对象需要创建路径的边缘，如图 8-30 所示。

3. 合理调整方向线

一个曲线段是由两个方向线控制其形状的，因此在创建第一个锚点时，要将方向线拖动出来，方便对曲线的形状进行调整，如图 8-31 所示。

图 8-29

图 8-30

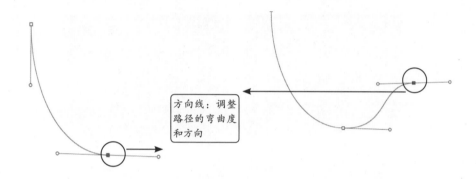

方向线：调整路径的弯曲度和方向

图 8-31

在【钢笔工具】状态下，按住【Alt】键并拖动一个方向点，可以单独调整相应的方向线的长度和方向，锚点另一侧的方向线不发生任何改变，如图 8-32 所示。

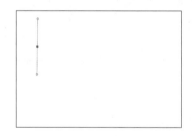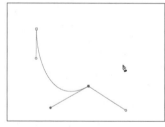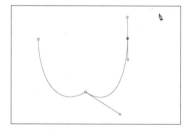

图 8-32

4. 靠近边缘的选取方法

在实际工作中经常先使用【钢笔工具】绘制路径，再将其转换为选区，具体的做法是：创建一个路径，按【Ctrl+Enter】组合键，路径会自动转换成闭合的选区。创建作为选区的路径有一定的技巧，如当一段路径已经勾选到画布的边缘时，可以不用直接闭合路径，而是勾选到画布外的区域，按【Ctrl+Enter】组合键后，生成的选区会自动收缩到画布边缘。当靠近画布边缘的路径包含曲线段时，使用此方法可以提高效率。

8.5.3 编辑路径

在创建路径的过程中，可能会出现一些不准确的地方，此时需要对路径进行修改，可以通过对路径和锚点的编辑完成。

1. 选择路径

选择路径组件或路径段将显示选中部分的所有锚点，包括全部的方向线和方向点（若选中曲线段）。方向点显示为实心圆，选中的锚点显示为实心方形，而未选中的锚点显示为空心方形。

要选择路径组件（包括形状图层中的形状），可先选择【路径选择工具】，并单击路径组件中的任何位置。若路径由几个路径组件组成，则只有指针所指的路径组件被选中，如图 8-33 所示。

图 8-33

> **ℹ️ 提示**
>
> 要选择其他的路径组件或路径段，可先选择【路径选择工具】或【直接选择工具】，然后按住【Shift】键再选择其他的路径或路径段。

2. 移动路径

选择工具箱中的【路径选择工具】，选择已创建的路径，按住鼠标左键拖曳，或者使用键盘上的方向键，都可以移动路径，如图 8-34 所示。

图 8-34

3. 添加与删除锚点

添加锚点可以增强对路径的控制，也可以扩展开放路径。

> ⊘ **注意**
>
> 最好不要添加多余的锚点。锚点数较少的路径更易于编辑、显示和打印。

删除锚点可以降低路径的复杂性。工具箱包含用于添加或删除锚点的 3 种工具：【钢笔工具】、【添加锚点工具】和【删除锚点工具】。

默认情况下，将【钢笔工具】定位到所选路径上方，它会变成【添加锚点工具】；将【钢笔工具】定位到锚点上方，它会变成【删除锚点工具】。在 Photoshop 中，必须在工具选项栏中选中【自动添加 / 删除】复选框，以使【钢笔工具】自动变为【添加锚点工具】或【删除锚点工具】。

选择要修改的路径，然后选择工具箱中的【钢笔工具】、【添加锚点工具】或【删除锚点工具】。若要添加锚点，将光标定位到路径段的上方，然后单击；若要删除锚点，将光标定位到锚点上，然后单击。锚点的添加和删除如图 8-35 所示。

添加锚点

删除锚点

图 8-35

4. 转换锚点类型

【转换点工具】 ⎁ 用于角点和平滑点之间的转换。选择要修改的路径，然后选择工具箱中的【转换点工具】，或使用【钢笔工具】，按住【Alt】键单击，可以将平滑点转换成角点，如图 8-36 所示。

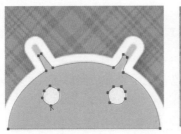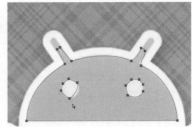

图 8-36

将【转换点工具】放置在要转换的锚点上方，按住鼠标左键向角点外拖曳，使方向线出现，可以将角点转换成平滑点，如图 8-37 所示。

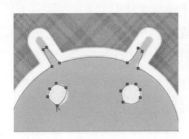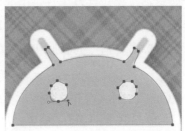

图 8-37

要将没有方向线的角点转换为具有独立方向线的角点，可先将方向点拖动出角点（成为具有方向线的平滑点），松开鼠标左键后拖曳任一方向点即可。要将平滑点转换成具有独立方向线的角点，可单击任一方向点，如图 8-38 所示。

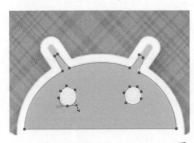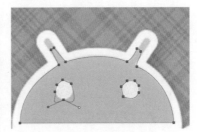

图 8-38

8.5.4 管理路径

当使用【钢笔工具】或【形状工具】创建工作路径时，新的路径以工作路径的形式出现在【路径】面板中。工作路径是临时的，必须及时存储以免丢失其内容。如果没有存储便取消选择了工作路径，当再次开始绘制时，新的路径就将取代现有路径。

1.【路径】面板

【路径】面板用于保存和管理路径。【路径】面板列出了存储的每条路径、当前工作路径和当前矢量蒙版的名称和缩览图，如图 8-39 所示。

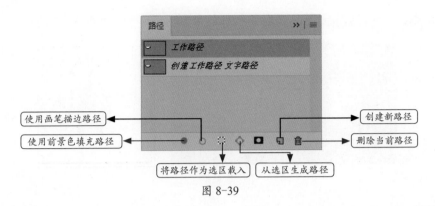

图 8-39

在【路径】面板中选择相应的路径并将其上下拖动，当所需位置上出现黑色的实线时，松开鼠标左键即可移动路径。

2. 新建路径

在【路径】面板中，单击右下角的按钮创建新的路径图层，如图 8-40 所示。按住【Alt】键单击按钮，可以在弹出的【新建路径】对话框中修改路径的名称，如图 8-41 所示。

图 8-40　　　　　　　　　　图 8-41

3. 填充路径

使用【钢笔工具】创建的路径只有在经过描边或填充处理后，才会成为图像。填充路径是指使用指定的颜色、图像状态、图案或填充图层来填充包含像素的路径，如图 8-42 所示。

图 8-42

⊘ 注意

当蒙版、文本、填充、调整或智能对象图层处于选中状态时，无法填充路径。

8.5.5 **输出路径**

用路径抠取的对象通常用来制作剪贴路径再置入排版软件中。剪贴路径可以让对象从背景中分离出来，置入排版软件后，剪贴路径外的对象均不显示，如图 8-43 所示。

图 8-43

ℹ️ 技巧

　　将带有路径或通道的 PSD 文件置入 Illustrator 或 InDesign 中可以实现同样的效果。另外，位图颜色模式的图像无须剪贴路径，置入 InDesign 后会自动去除白底。

　　使用【钢笔工具】创建路径，在【路径】面板中自动生成了一个工作路径，如图 8-44 所示。

图 8-44

　　单击【路径】面板右上角的▼≣按钮，在弹出的快捷菜单中执行【存储路径】命令，弹出【存储路径】对话框，单击【确定】按钮，如图 8-45 所示。

图 8-45

　　单击【路径】面板右上角的▼≣按钮，在弹出的快捷菜单中执行【剪贴路径】命令，弹出【剪贴路径】对话框，单击【确定】按钮，如图 8-46 所示。将图像存储为 TIFF 格式，置入 InDesign 后，背景将不再显示，如图 8-47 所示。

图 8-46　　　　　　　　　　　　　　　　　　　　　　图 8-47

8.5.6 **实战案例——抠图**

将图像中的钢琴键盘使用【钢笔工具】沿着边缘创建一个路径，并保存为剪贴路径。

01 打开"素材 / 第 8 章 / 钢琴键盘·jpg"，选择工具箱中的【钢笔工具】，在如图 8-48 所示的位置单击鼠标左键创建第一个锚点。

02 沿着钢琴键盘的边缘单击创建第二个锚点，并按住鼠标左键拖曳，使用方向线调节路径的弧度与钢琴键盘下方的边缘重合，如图 8-49 所示。

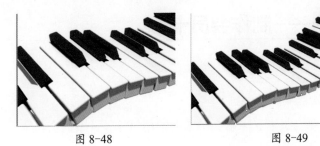

图 8-48   图 8-49

03 按照上面描述的方法沿着钢琴键盘的外边缘创建一条路径，最后在创建的第一个锚点处单击创建一条闭合路径，如图 8-50 所示。

图 8-50

04 执行【窗口】>【路径】命令，在弹出的【路径】面板中选择"工作路径"，单击【路径】面板右上角的■按钮，在弹出的快捷菜单中执行【存储路径】命令，弹出【存储路径】对话框，单击【确定】按钮，如图 8-51 所示。

图 8-51

05 单击【路径】面板右上角的■按钮，在弹出的快捷菜单中执行【剪贴路径】命令，弹出【剪贴路径】对话框，设置【展平度】为"3"设备像素，如图 8-52 所示，单击【确定】按钮，抠图完成。

图 8-52

8.6 综合案例——制作会员卡

学习目标

本案例通过制作一张会员卡，了解会员卡的常用尺寸，并掌握会员卡设计的基本知识。

知识要点提示

- 路径的创建与编辑。
- 路径使用方法与矢量形状工具。

操作步骤

01 执行【文件】>【新建】命令，在弹出的【新建】对话框中设置参数，如图 8-53 所示。

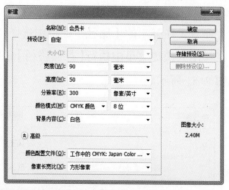

图 8-53

02 选择【渐变工具】，在【渐变编辑器】窗口的渐变颜色条中选中左侧下方的颜色滑块，单击下面的【颜色】框，在弹出的对话框中设置 CMYK=75，25，10，0；选中右侧下方的颜色滑块，单击下面的【颜色】框，在弹出的对话框中设置 CMYK=85，60，0，0。设置完成后，单击渐变工具选项栏中的【径向渐变】按钮，勾选【反向】复选框，然后按住鼠标左键从中心向外侧拖曳鼠标，为背景填充渐变色，如图 8-54 所示。

图 8-54

03 执行【视图】>【新建参考线】命令，分别在 3mm、87mm 处新建垂直参考线，在 3mm、47mm 处新建水平参考线，如图 8-55 所示。

图 8-55

04 执行【文件】>【打开】命令，打开"素材 / 第 8 章 / 底图 .jpg"，将素材拖入新建的文档中。将该素材图层命名为"底图"，并调整图像大小，效果如图 8-56 所示。将该图层混合模式设置为"柔光"，【不透明度】为"30%"，如图 8-57 所示。

图 8-56

图 8-57

05 打开素材"树 .tif",然后将其拖曳到页面左侧,并将该图层命名为"树"。双击【树】图层,在弹出的【图层样式】对话框中进行相应设置,设置发光颜色 CMYK=0,0,100,0,如图 8-58 所示。

图 8-58

06 选择工具箱中的【横排文字工具】,在【字符】面板中设置参数,在画布中输入文字,如图 8-59 所示。

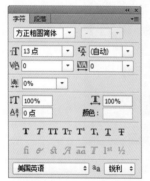

图 8-59

07 双击文字图层缩览图,在弹出的【图层样式】对话框中设置【斜面和浮雕】参数,如图 8-60 所示。

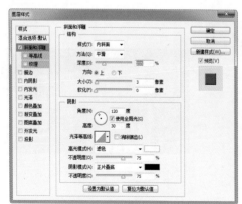

图 8-60

08 选择工具箱中的【横排文字工具】，在画布中输入其他文字，效果如图 8-61 所示。

图 8-61

09 在 "No.000001" 文字图层下方，单击【创建新图层】按钮新建一个【涂抹】图层。选择【画笔工具】，打开【画笔预设】面板，单击右侧的设置按钮，在弹出的快捷菜单中执行【干介质画笔】命令，在弹出的对话框中单击【追加】按钮，如图 8-62 所示。

图 8-62

10 设置【前景色】为白色，选择【圆扇形带纹理】画笔，在画布中进行涂抹，并设置该图层【不透明度】为 "60%"，如图 8-63 所示。

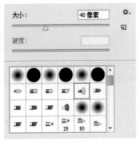

图 8-63

11 在 "100% 原装正品" 文字图层下方新建一个图层，命名为 "红圈"。设置前景色 CMYK=20，100，50，0；选择【画笔工具】中的 "硬边圆" 笔刷，在文字下方单击并设置效果，调整笔尖大小并多次单击，效果如图 8-64 和图 8-65 所示。

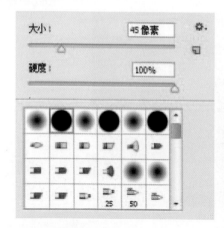

图 8-64

图 8-65

12 将"购物车 .tif"素材置入当前文档中，然后按【Ctrl+T】组合键调整到合适大小，移动到合适位置，效果如图 8-66 所示。

图 8-66

13 单击【图层】面板上的【创建新图层】按钮，创建一个新图层，命名为"标志"。选择工具箱中的【自定义形状工具】，在自定义形状工具选项栏中选择"皇冠 1"图形，单击鼠标左键在文档中创建一个图形，如图 8-67 所示。

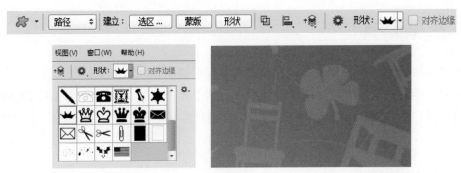

图 8-67

14 选择工具箱中的【钢笔工具】，按住【Ctrl】键的同时单击皇冠路径并修剪路径，得到如图 8-68 所示的效果。

图 8-68

15 单击【路径】面板上的【将路径作为选区载入】按钮，将路径转换为选区，并填充黄色，如图 8-69 所示。

图 8-69

16 调整皇冠的大小及位置，并为其添加描边样式，最终效果如图 8-70 所示。

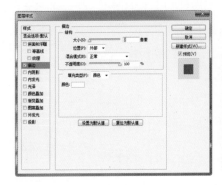

图 8-70

8.7 本章小结

　　本章主要讲解文字和矢量工具，带领读者学习了创建和编辑文字，以及设置文字的段落样式。通过对路径的学习，读者应掌握使用【钢笔工具】绘制路径，同时能正确地转换路径上的锚点，并以此来创建边缘复杂的路径；学会通过路径生成选区，用来抠取复杂的图像。

8.8 本章习题

操作题

使用【钢笔工具】将图 8-71 所示图像中的汽车抠取出来，并保存成一个选区。

图 8-71

> **重点难点提示**
>
> 　　使用【钢笔工具】调整路径锚点、方向线的方向。
>
> 　　使用【转换点工具】调整路径。
>
> 　　根据路径生成选区并保存。

第9章

滤 镜

  滤镜是 Photoshop 中较为神奇的功能之一，同时也是颇具吸引力的功能。通过滤镜功能，可为图像创建各种不同的效果，使普通的图像瞬间成为具有高度视觉冲击力的艺术品，犹如魔术师在舞台上变魔术一样，把我们带到一个神奇而又充满魔幻色彩的图像世界。

本章学习要点

- 💧 了解【滤镜】菜单中的命令
- 💧 了解滤镜组中每个滤镜的特点
- 💧 学会使用滤镜为图像创建特殊效果

9.1 滤镜基础知识

使用滤镜可以清除和修饰照片，为图像添加各种特殊的艺术效果。

9.1.1 滤镜的种类

滤镜原来是一种摄影器材，是安装在照相机镜头外侧用来改变照片拍摄方式的一种器材，在拍摄的同时可以产生特殊的拍摄效果。Photoshop 中的滤镜是一个插件模块，用来操作图像中的像素。

按照功能划分，Photoshop 中的滤镜分为三种。第一种是修改类型的滤镜，此类滤镜可以修改图像中的像素，如扭曲、素描等；第二种是复合类型的滤镜，具有自己的操作方法；第三种是特殊类型的滤镜，但只有一个【云彩】滤镜，它不需要修改图像中的任何像素就可以生成云彩的效果。

9.1.2 滤镜的用途

Photoshop 中滤镜最主要的用途有以下两种。

第一种用于使原图像产生特殊效果，如可以制作风格化、画笔描边、模糊、像素化、扭曲等效果。此种用途的滤镜数量最多，基本上是通过滤镜库来应用和管理的。

第二种用于图像文件的修改，如提高图像清晰度、让图像变得更加模糊、减少图像中的杂色让图像显示出高质量感觉等，这些滤镜分别放置在【模糊】、【锐化】、【杂色】等滤镜组中。

另外，【液化】、【消失点】、【镜头校正】中的滤镜比较特殊，其功能也比较强大，分别有着自己特殊的操作方法，像是独立的软件，所以不放置在其他分组中，而被单独放置。

9.1.3 滤镜的使用方法

使用滤镜处理图像时，首先应选择该图层，同时保持图层的状态为可见。若在图像中创建了选区，则滤镜只能处理选区内的图像；若没有创建选区，则处理整个图层上的图像，如图 9-1 所示。

使用滤镜也可以处理图层蒙版和通道及快速蒙版。它是以像素为单位进行计算的，运用相同的滤镜，处理不同分辨率的图像，所得到的效果也不同。

图 9-1

在【滤镜】菜单下，有些滤镜的命令状态会显示为灰色，表示该滤镜功能不能正常使用，造成这种现象的主要原因是图像颜色模式。在 Photoshop 中，有些滤镜不支持 CMYK 颜色模式，却支持 RGB 颜色模式。位图和索引颜色模式的图像不支持任何滤镜效果。如果对位图、索引和 CMYK 颜色模式的图像加载滤镜命令，要先将其转换成 RGB 颜色模式，再使用滤镜处理。

9.2　滤镜库

滤镜库可提供许多特殊效果滤镜的预览。用户可以应用多个滤镜、打开或关闭滤镜的效果、复位滤镜的选项及更改应用滤镜的顺序。若对预览效果感到满意，则可以将它应用于图像。注意，滤镜库并不提供【滤镜】菜单中的所有滤镜。执行【滤镜】>【滤镜库】命令，弹出【滤镜库】对话框，如图 9-2 所示。

图 9-2

【效果预览区】：查看图像生成的滤镜效果。

【滤镜组】：存放和管理各种风格各异的滤镜。

【参数设置区】：修改滤镜的显示效果。

【选择并使用的滤镜】：显示已经使用过的滤镜工具，当使用过多个滤镜后，会将使用过的滤镜在列表框中依次列出；单击滤镜前面的 图标，可以实现滤镜的显示与隐藏。

【新建或删除效果图层】：新建或删除滤镜效果图层。

【预览缩放区】：放大或缩小图像预览区中的图像比例。

9.3 智能滤镜

智能滤镜可以达到与普通滤镜相同的效果，但智能滤镜作为图层效果出现在【图层】面板上，因为不会改变图像中的任意像素，所以可以随时修改参数或将其删除。

在 Photoshop 中，智能滤镜是一种非破坏滤镜，它将滤镜效果应用于智能对象上，不会破坏对象的原始数据。图 9-3 所示为应用智能滤镜的效果，观察【图层】面板可以看到它与普通滤镜的参数不同。

图 9-3

智能滤镜包含一个图层样式列表，在列表中包含使用过的各个滤镜，如图 9-4 所示。单击智能滤镜前面的 👁 图标，可以将滤镜效果隐藏；也可以将滤镜效果删除，删除后，图像可以恢复到原始状态。

图 9-4

普通滤镜则通过修改图像的像素来实现效果，当加载滤镜后，会修改原来的图像信息，一旦将文件保存并关闭后，图像就无法恢复到原来的状态。

在【滤镜】菜单中，除【液化】和【消失点】滤镜外，其他滤镜都可以作为智能滤镜使用，其中包括支持智能滤镜的外挂滤镜。

9.4 风格化滤镜组

风格化滤镜组通过置换像素查找并增加图像的对比度，使选区中图像产生绘画或印象派艺术效果。在使用【查找边缘】和【等高线】等突出显示边缘的滤镜后，可执行【反相】命令用彩色线条勾勒彩色图像的边缘，或用白色线条勾勒灰度图像的边缘。

9.4.1 扩散

根据选择【模式】选项组中的单选按钮搅乱选区中的像素以虚化焦点。【正常】使像素随机移动（忽略颜色值）；【变暗优先】用较暗的像素替换亮的像素；【变亮优先】用较亮的像素替换暗的像素；【各向异性】在颜色变化最小的方向上搅乱像素。图 9-5 所示为【扩散】滤镜的效果。

图 9-5

9.4.2 浮雕效果

浮雕效果是指将选区的填充色转换为灰色，并用原填充色描画图像边缘轮廓，从而使选区显得凸起或凹陷。选项包括浮雕角度（范围为 -360° ～ 360° ，-360° 使表面凹陷，360° 使表面凸起）、高度和选区中颜色数量的百分比（范围为 1% ～ 500%）。要在进行浮雕处理时保留颜色和细节，可在应用【浮雕效果】滤镜后执行【渐隐】命令。图 9-6 所示为【浮雕效果】滤镜的效果。

 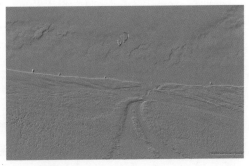

图 9-6

9.4.3 凸出

【凸出】滤镜赋予选区或图层一种 3D 纹理效果，能将图像分成大小相同而且按照一定规则放置的立方体或锥体，使图像产生三维的效果，如图 9-7 所示。

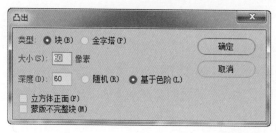

图 9-7

9.4.4 查找边缘、曝光过度与拼贴

【查找边缘】滤镜用显著的转换标识图像的区域，并突出边缘。与【等高线】滤镜一样，【查找边缘】滤镜用相对于白色背景的黑色线条勾勒图像的边缘，这对生成图像周围的边界非常有用，如图 9-8 所示。

【曝光过度】滤镜用于混合负片和正片图像，类似于显影过程中将摄影照片短暂曝光，如图 9-9 所示。

【拼贴】滤镜用于将图像分解为一系列拼贴，使选区偏离其原来的位置。可以选择【填充空白区域】选项组中的单选按钮填充拼贴之间的区域：【背景色】、【前景色】、【反相图像】和【未改变的图像】。它们使拼贴的版本位于原版本上并露出原图像中位于拼贴边缘下面的部分，如图 9-10 所示。

图 9-8   图 9-9   图 9-10

9.4.5 等高线与风

【等高线】滤镜用于查找主要亮度区域的转换，并为每个颜色通道淡淡地勾勒主要亮度区域的转换，以获得与等高线图中的线条相类似的效果，如图 9-11 所示。

【风】滤镜用于在图像中放置细小的水平线条来获得风吹的效果，如图 9-12 所示，包括【风】、【大风】（用于获得更生动的风吹效果）和【飓风】。

图 9-11   图 9-12

9.5　模糊滤镜组

模糊滤镜组柔化选区或整个图像，这对于修饰图像非常有用。它们通过平衡图像中已定义的线条和遮蔽区域的清晰边缘旁边的像素，使变化显得柔和。要将模糊滤镜组应用到图层边缘，需先取消选中【图层】面板中的【锁定透明像素】复选框。

9.5.1　模糊与进一步模糊

【模糊】滤镜在图像中有显著颜色变化的地方消除杂色。通过平衡已定义的线条和遮蔽区域的清晰边缘旁边的像素，使变化显得柔和。

【进一步模糊】滤镜的效果比【模糊】滤镜稍强，如图 9-13 所示。

图 9-13

9.5.2　方框模糊与高斯模糊

【方框模糊】滤镜基于相邻像素的平均颜色值来模糊图像，此滤镜用于创建特殊效果。可以调整用于计算给定像素平均值的区域大小，半径越大，产生的模糊效果越好，如图 9-14 所示。

【高斯模糊】滤镜可调整【半径】数值快速模糊选区。高斯模糊是指当 Photoshop 将加权平均应用于像素时生成的钟形曲线。【高斯模糊】滤镜添加低频细节，并产生一种朦胧效果，如图 9-15 所示。

图 9-14　　　　　　　　　　　图 9-15

9.5.3　镜头模糊与动感模糊

【镜头模糊】滤镜是指向图像中添加模糊以产生更窄的景深效果，以使图像中的一些对象在焦点内，而使其他区域变模糊，如图 9-16 所示。

【动感模糊】滤镜会沿指定方向（范围为 -360° ～ 360°）以指定强度（范围为 1 ～ 999）进行模糊。此滤镜的效果类似于以固定的曝光时间给一个移动的对象拍照，如图 9-17 所示。

图 9-16   图 9-17

9.5.4 平均

【平均】滤镜用于找出图像或选区的平均颜色，然后用该颜色填充图像或选区以创建平滑的外观，如图 9-18 所示。

图 9-18

9.5.5 径向模糊与形状模糊

【径向模糊】滤镜模拟缩放或旋转的相机所产生的模糊，即产生一种柔化的模糊效果，如图 9-19 所示。选择【旋转】单选按钮，沿同心圆环线模糊，然后指定旋转的度数；选择【缩放】单选按钮，沿径向线模糊，好像在放大或缩小图像，然后指定 1 ～ 100 之间的值。模糊的【品质】范围从【草图】到【好】和【最好】，【草图】产生最快但为颗粒状的显示效果；【好】和【最好】产生比较平滑的效果，除非在大选区上，否则看不出这两种品质的区别。通过拖动【中心模糊】框中的图案可以指定模糊的原点。

【形状模糊】滤镜使用指定的内核来创建模糊。在【自定形状预设】列表框中选择一种内核。单击右侧的右三角按钮，在弹出的快捷菜单中可以载入不同的形状库。拖动【半径】滑块可调整其大小，半径决定了内核的大小，内核越大，模糊效果越好，如图 9-20 所示。

图 9-19   图 9-20

9.5.6 特殊模糊与表面模糊

【特殊模糊】滤镜用于精确地模糊图像。可以指定半径、阈值和模糊品质，半径值确定在其中搜索不同像素的区域大小。也可以为整个选区设置模式，或为颜色转变的边缘设置【仅限边缘】和【叠加边缘】模式。在对比度明显的地方，【仅限边缘】模式应用黑白混合的边缘，而【叠加边缘】模式应用白色的边缘，如图 9-21 所示。

【表面模糊】滤镜用于保留边缘的同时模糊图像，通常用于创建特殊效果并消除杂色或粒度。【半径】选项指定模糊取样区域的大小。【阈值】选项控制相邻像素色调值与中心像素色调值相差多大时才能成为模糊的一部分。色调值差小于阈值的像素被排除在模糊范围外，如图 9-22 所示。

图 9-21   图 9-22

9.6 扭曲滤镜组

扭曲滤镜组将图像进行几何扭曲，创建 3D 或其他整形效果，但可能占用大量内存。【扩散亮光】、【玻璃】和【海洋波纹】滤镜可以通过滤镜库来应用。

9.6.1 置换与切变

【置换】滤镜使用名为置换图的图像确定如何扭曲选区，如图 9-23 所示。

【切变】滤镜沿一条曲线扭曲图像。通过拖动框中的线条来指定曲线，而且可以调整曲线上的任何一点，如图 9-24 所示。

图 9-23   图 9-24

9.6.2 波纹与波浪

【波纹】滤镜在选区上创建波状起伏的图案，像水池表面的波纹，包括波纹的【数量】和【大小】，如图 9-25 所示。若要进一步控制波纹，可使用【波浪】滤镜。

【波浪】滤镜将随机分隔的波纹添加到图像表面，使图像看上去像在水中，如图 9-26 所示。

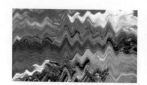

图 9-25　　　　　　图 9-26

9.6.3 挤压与极坐标

【挤压】滤镜用于挤压选区，如图 9-27 所示。正值（最大值是 100%）将选区向中心移动；负值（最小值是 -100%）将选区向外移动。

【极坐标】滤镜根据选择不同的选项，将选区由平面坐标转换到极坐标，或将选区由极坐标转换到平面坐标，如图 9-28 所示。

图 9-27　　　　　　　　　　　　　　图 9-28

9.6.4 球面化与旋转扭曲

【球面化】滤镜通过将选区折成球形、扭曲图像及伸展图像以适合选中的曲线，使对象具有 3D 效果，如图 9-29 所示。

【旋转扭曲】滤镜可以旋转选区，中心的旋转程度比边缘的旋转程度大。指定角度时可生成旋转扭曲图案，如图 9-30 所示。

图 9-29　　　　　　图 9-30

9.7　锐化滤镜组

锐化滤镜组包括 6 种滤镜，通过增强相邻像素之间的对比度使图像变得清晰。

9.7.1 USM 锐化

【USM 锐化】滤镜只能锐化图像的边缘，保留总体的平滑度。在【USM 锐化】对话框中，提供了以下选项，如图 9-31 所示。

图 9-31

【数量】：调整锐化效果的程度，数值越高，锐化效果越突出。

【半径】：设置锐化范围半径的大小。

【阈值】：调节相邻像素间的差值范围，数值越大，被锐化的像素越少。

在对图像进行锐化的同时，Photoshop 会提高相邻两种颜色边界相交处的对比度，使其边缘更加明显，看上去更清晰，从而实现锐化的效果。

9.7.2 锐化与进一步锐化

【锐化】滤镜的原理是通过增加像素间的对比度使图像变得更清楚，其缺点是锐化效果不明显。

【进一步锐化】滤镜与【锐化】滤镜的效果相似，就像在【锐化】滤镜效果的基础上重复锐化。在查看滤镜效果的时候，建议将窗口放大到 100%，这样才能够更好地查看图像锐化的预览效果。

9.7.3 智能锐化

【智能锐化】滤镜与【USM 锐化】滤镜的效果基本一样，但其比较独特的锐化选项是锐化的运算方式等，如图 9-32 所示。

图 9-32

9.7.4 锐化边缘与防抖

【锐化边缘】滤镜将边缘的颜色饱和度、明度和对比度增加，可直观看到图像边缘清晰分明。

【防抖】滤镜将在拍摄过程中对因抖动或晃动等原因导致的模糊进行锐化等操作，恢复图像清晰度。

9.8 视频滤镜组

视频滤镜组包含【逐行】滤镜和【NTSC 颜色】滤镜。

【逐行】：通过移去视频图像中的奇数或偶数隔行线，使在视频上捕捉的运动图像变得平滑。可以通过选择复制或差值来替换去掉的线条。

【NTSC 颜色】：将色域限制在电视机重现可接受的范围内，以防止过多饱和颜色渗到扫描行中。

9.9 素描滤镜组

素描滤镜组中的滤镜将纹理添加到图像上，通常用于获得 3D 效果，还适用于创建美术或手绘外观。许多素描滤镜在重绘图像时使用前景色和背景色。也可以通过滤镜库来应用所有素描滤镜。

【基底凸现】：变换图像，使之呈现浮雕的雕刻状和突出光照下变化各异的表面。图像的暗区呈现前景色，而亮区呈现背景色。

【粉笔和炭笔】：重绘高光和中间调，并使用粗糙粉笔绘制纯中间调的灰色背景。阴影区域用黑色对角炭笔线条替换。炭笔用前景色绘制，粉笔用背景色绘制。

【炭笔】：产生色调分离的涂抹效果。主要边缘以粗线条绘制，而中间调用描边进行素描。炭笔用前景色绘制，背景用纸张颜色绘制。

【铬黄】：渲染图像，就好像它具有擦亮的铬黄表面。高光在反射表面上是高点，在阴影上是低点。应用此滤镜后，使用【色阶】对话框可以增加图像的对比度。

【炭精笔】：在图像上模拟浓黑和纯白的炭精笔纹理。【炭精笔】滤镜在暗区使用前景色，在亮区使用背景色。为了获得更逼真的效果，可以在应用滤镜前将前景色改为一种常用的炭精笔颜色（如黑色、深褐色或血红色）。要获得减弱的效果，可先将背景色改为白色，在白色背景中添加一些前景色，再应用滤镜。

【绘图笔】：使用细的、线状的油墨描边以捕捉原图像中的细节。对于扫描图像，效果尤其明显。此滤镜使用前景色作为油墨，使用背景色作为纸张颜色，以替换原图像中的颜色。

【半调图案】：在保持连续的色调范围的同时，模拟半调网屏的效果。

【便条纸】：创建像用手工制作的纸张构建的图像。此滤镜简化了图像，并结合使用风格化滤镜组中的【浮雕效果】滤镜和纹理滤镜组中的【颗粒】滤镜的效果。图像的暗区显示为纸张上层中的洞，使背景色显示出来。

【影印】：模拟影印图像的效果。大的暗区趋向于只复制边缘四周；而中间调要么纯黑色，要么纯白色。

【石膏效果】：按 3D 塑料效果塑造图像，然后使用前景色与背景色为图像着色。暗区凸起，亮区凹陷。

【网状】：模拟胶片乳胶的可控收缩和扭曲来创建图像，使之在阴影上呈现结块状，在高光上呈现轻微颗粒化。

【图章】：简化图像，使之看起来像用橡皮或木制图章创建的一样。此滤镜用于黑白图像时效果最佳。

【撕边】：重建图像，使之变为像由粗糙、撕破的纸片组成，然后使用前景色与背景色为图像着色。对于文本或高对比度对象，此滤镜尤为有用。

【水彩画纸】：利用污点像画在潮湿纤维纸上的涂鸦，使颜色流动并混合。

图 9-33 所示为素描滤镜组中各个滤镜应用的效果对比图。

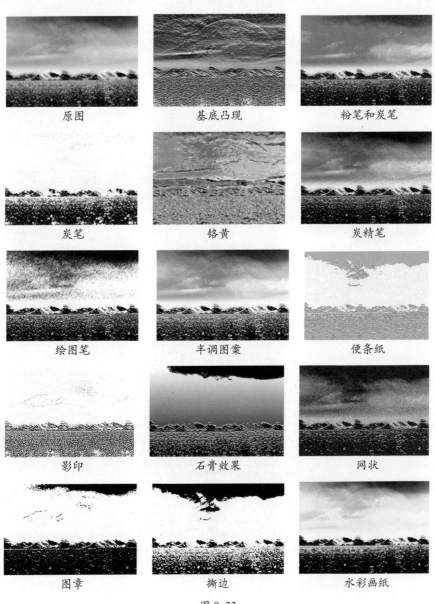

原图　　　　　　　　基底凸现　　　　　　　粉笔和炭笔

炭笔　　　　　　　　铬黄　　　　　　　　炭精笔

绘图笔　　　　　　　半调图案　　　　　　　便条纸

影印　　　　　　　　石膏效果　　　　　　　网状

图章　　　　　　　　撕边　　　　　　　　水彩画纸

图 9-33

9.10 纹理滤镜组

纹理滤镜组中的滤镜可以模拟具有深度感或物质感的外观，或增加一种器质外观。

【龟裂缝】：将图像绘制在一个高凸现的石膏表面上，以遵循图像等高线生成精细的网状裂缝。使用此滤镜可以对包含多种颜色值或灰度值的图像创建浮雕效果。

【颗粒】：通过模拟不同种类的颗粒在图像中添加纹理，如常规、软化、喷洒、结块、强反差、扩大、点刻、水平、垂直和斑点（可在【颗粒类型】下拉列表中进行选择）。

【马赛克拼贴】：渲染图像，使它看起来像由小的碎片或拼贴组成，然后在拼贴之间灌浆。

【拼缀图】：将图像分解为大量用图像中该区域的主色填充的正方形。此滤镜随机减小或增大拼贴的深度，以模拟高光和阴影。

【染色玻璃】：将图像重新绘制为用前景色勾勒的单色的相邻单元格。

【纹理化】：将选择或创建的纹理应用于图像。

图 9-34 所示为纹理滤镜组中各个滤镜应用的效果对比图。

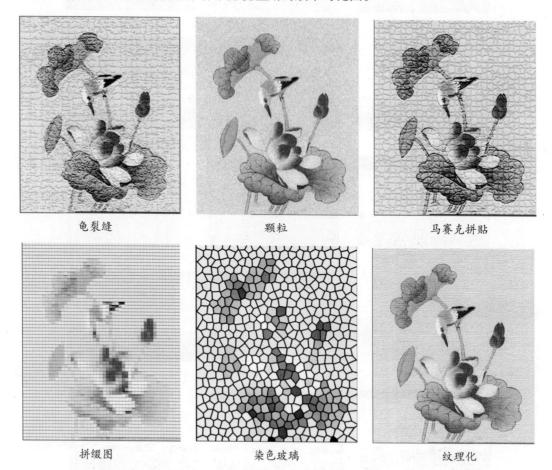

龟裂缝　　　　　　　　　颗粒　　　　　　　　　马赛克拼贴

拼缀图　　　　　　　　　染色玻璃　　　　　　　　纹理化

图 9-34

9.11　像素化滤镜组

像素化滤镜组中的滤镜通过使单元格中颜色值相近的像素结成块来清晰地定义一个选区。

【彩色半调】：模拟在图像的每个通道上使用放大的半调网屏的效果。对于每个通道，滤镜将图像划分为大量矩形，并用圆形替换每个矩形，圆形大小与矩形的亮度成比例。

【晶格化】：使像素结块形成多边形纯色。

【彩块化】：使纯色或相近颜色的像素结成相近颜色的像素块。此滤镜可以使扫描的图像看起来像手绘图像，或使现实主义图像变为抽象派绘画风格图像。

【碎片】：创建选区中像素的 4 个副本，将它们平均，并使其相互偏移。

【铜版雕刻】：将图像转换为黑白区域的随机图案或彩色区域完全饱和颜色的随机图案。

【马赛克】：使像素结为方形块。给定块中的像素颜色相同，块颜色代表选区中的颜色。

【点状化】：将图像中的颜色分解为随机分布的网点，如同点状化绘画一样，并使用背景色作为网点之间的画布区域。

图 9-35 所示为像素化滤镜组中各个滤镜应用的效果对比图。

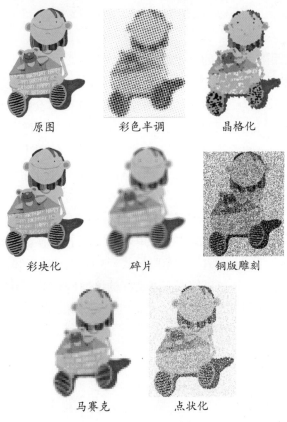

原图　　　彩色半调　　　晶格化

彩块化　　　碎片　　　铜版雕刻

马赛克　　　点状化

图 9-35

9.12 渲染滤镜组

渲染滤镜组在图像中创建 3D 形状、云彩图案、折射图案和模拟光反射。也可在 3D 空间中操纵对象，创建 3D 对象（立方体、球面和圆柱），并从灰度文件创建纹理填充以产生类似 3D 光照的效果。

【云彩】：使用介于前景色与背景色之间的随机颜色生成柔和的云彩图案。要生成色彩较为分明的云彩图案，可按住【Alt】键，然后执行【滤镜】>【渲染】>【云彩】命令。当应用【云彩】滤镜时，当前图层上的图像数据会被替换，如图 9-36 所示。

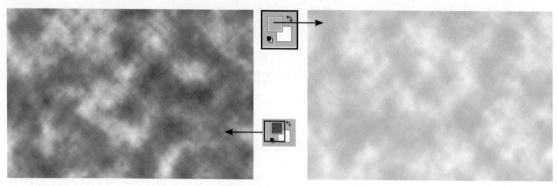

图 9-36

【分层云彩】：使用随机生成的介于前景色与背景色之间的颜色生成云彩图案。此滤镜将云彩数据和现有像素混合，其方式与【差值】模式混合颜色的方式相同。第一次选择此滤镜时，图像的某部分被反相为云彩图案。应用此滤镜几次后，会创建出与大理石纹理相似的凸缘与叶脉图案。当应用【分层云彩】滤镜时，当前图层上的图像数据会被替换。

【纤维】：使用前景色和背景色创建编织纤维的外观。使用【差异】滑块可以控制颜色的变化方式，较低的值会产生较长的纤维；而较高的值会产生非常短且颜色分布变化更大的纤维。【强度】滑块控制每根纤维的外观，低设置会产生松散的织物；而高设置会产生短的绳状纤维。单击【随机化】按钮更改图案的外观，可多次单击该按钮，直到出现喜欢的图案为止。当应用【纤维】滤镜时，当前图层上的图像数据会被替换。

【光照效果】：可以通过改变 17 种光照样式、3 种光照类型和 4 套光照属性，在 RGB 图像上产生无数种光照效果。还可以使用灰度文件的纹理（称为凹凸图）产生类似 3D 的效果，并保存自己的样式以便在其他图像中使用。不同的光照效果如图 9-37 所示。

原图　　　　　　手电筒　　　　　柔化点光　　　　　点光源

全光源　　　　　光照属性原图　　　　　光照属性修改

图 9-37

9.13 艺术效果滤镜组

艺术效果滤镜组中的滤镜可以为美术或商业项目制作绘画效果或艺术效果。这些滤镜模仿自然或传统介质的效果。例如，将【木刻】滤镜用于拼贴或印刷。可以通过【滤镜库】来应用所有艺术效果滤镜。

【彩色铅笔】：使用彩色铅笔在纯色背景上绘制图像。保留边缘，外观呈粗糙阴影线；纯色背景透过比较平滑的区域显示出来。

【木刻】：使图像看上去好像是由彩纸上剪下的边缘粗糙的剪纸片组成的。高对比度的图像看起来呈剪影状，而彩色图像看上去像由几层彩纸组成。

【干画笔】：使用干画笔技术（介于油彩和水彩之间）绘制图像边缘。此滤镜通过将图像的颜色范围降到普通颜色范围来简化图像。

【胶片颗粒】：将平滑图案应用于阴影和中间调。将一种更平滑、饱和度更高的图案添加到亮区。在消除混合的条纹和将各种来源的图案在视觉上进行统一时，此滤镜非常有用。

【壁画】：使用短而圆的、粗略涂抹的小块颜料，以一种粗糙的风格绘制图像。

【霓虹灯光】：将各种类型的灯光添加到图像中的对象上。此滤镜用于在柔化图像外观时给图像着色。要选择一种发光颜色，可单击发光框，并从拾色器中选择一种颜色。

【绘画涂抹】：可以选择各种大小（范围为 1 ～ 50）和类型的画笔来创建绘画效果。在【画笔类型】下拉列表中包括【简单】、【未处理光照】、【未处理深色】、【宽锐化】、【宽模糊】和【火花】选项。

【调色刀】：减少图像中的细节，产生描绘得很淡的画布效果，以显示出下面纹理。

【塑料包装】：给图像涂上一层光亮的塑料，以强调表面细节。

【海报边缘】：根据设置的海报选项减少图像中的颜色数量（对其进行色调分离），并查找图像的边缘，在边缘上绘制黑色线条。使大而宽的区域有简单的阴影，而细小的深色细节遍布图像。

【粗糙蜡笔】：在带纹理的背景上应用粉笔描边。在亮区，粉笔看上去很厚，几乎看不见纹理；在暗区，粉笔似乎被擦去了，使纹理显露出来。

【涂抹棒】：使用短的对角描边涂抹暗区以柔化图像。

【海绵】：使用颜色对比强烈、纹理较重的区域创建图像，以模拟海绵绘画的效果。

【底纹效果】：在带纹理的背景上绘制图像，将最终图像绘制在该图像上。

【水彩】：以水彩的风格绘制图像，使用蘸了水和颜料的中号画笔绘制以简化细节。当边缘有显著的色调变化时，此滤镜会使颜色更饱满。

图 9-38 所示为艺术效果滤镜组中部分滤镜应用的效果对比图。

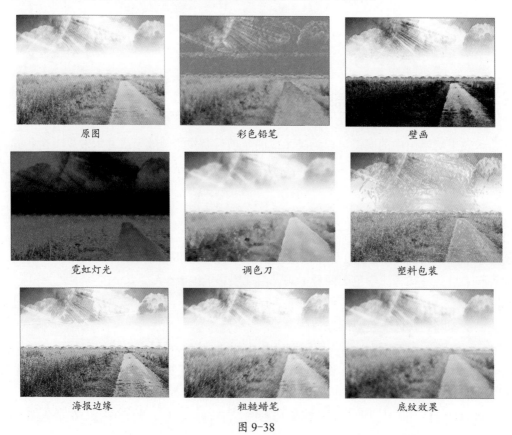

原图	彩色铅笔	壁画
霓虹灯光	调色刀	塑料包装
海报边缘	粗糙蜡笔	底纹效果

图 9-38

9.14　杂色滤镜组

　　杂色滤镜组用于添加或删除杂色或带有随机分布色阶的像素。这有助于将选区混合到周围的像素中。杂色滤镜可创建与众不同的纹理或移去有问题的区域，如灰尘和划痕。

　　【添加杂色】：将随机像素应用于图像，模拟在高速胶片上拍照的效果。也可以使用【添加杂色】滤镜来减少羽化选区或渐进填充中的条纹，或使经过重大修饰的区域看起来更真实。【分布】选项组包括【平均分布】和【高斯分布】单选按钮。【平均分布】使用随机数值（介于 0 及正 / 负指定值之间）分布杂色的颜色值以获得细微效果。【高斯分布】沿一条钟形曲线分布杂色的颜色值以获得斑点状的效果。选中【单色】复选框将此滤镜只应用于图像中的色调元素，而不改变颜色。

　　【去斑】：检测图像的边缘（即发生显著颜色变化的区域）并模糊除那些边缘外的所有选区。该模糊操作会删除杂色，同时保留细节。

　　【蒙尘与划痕】：通过更改相异的像素减少杂色。为了在锐化图像和隐藏瑕疵之间取得平衡，可拖动【半径】与【阈值】滑块得到各种组合。也可将此滤镜应用于图像中的指定区域。

　　【中间值】：通过混合选区中像素的亮度来减少图像的杂色。此滤镜搜索像素选区的半径范围以查找亮度相近的像素，扔掉与相邻像素差异太大的像素，并用搜索到的中间亮度的像素替换中心像素。此滤镜在消除或减少图像的动感效果时非常有用。

　　【减少杂色】：在基于影响整个图像或各通道的设置保留边缘的同时减少杂色。

　　图 9-39 所示为杂色滤镜组中各个滤镜应用的效果对比图。

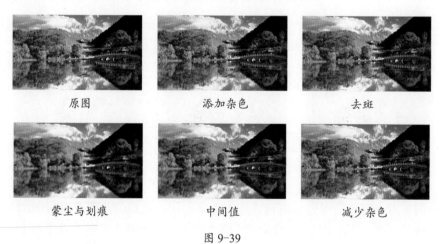

原图　　　　　　　　添加杂色　　　　　　　　去斑

蒙尘与划痕　　　　　　中间值　　　　　　　减少杂色

图 9-39

9.15　其他滤镜组

　　在其他滤镜组中，允许用户自定义滤镜、使用滤镜修改蒙版、在图像中使选区发生位移和快速调整颜色。

【自定】：自定义滤镜效果。使用【自定】滤镜，根据预定义的数学运算（称为卷积），可以更改图像中每个像素的亮度值，即根据周围的像素值为每个像素重新指定一个值。

【高反差保留】：在有强烈颜色转变发生的地方按指定的半径保留边缘细节，并且不显示图像的其余部分（0.1像素半径仅保留边缘像素）。此滤镜移去图像中的低频细节，与【高斯模糊】滤镜的效果恰好相反。

在使用【阈值】命令或将图像转换为位图颜色模式前，将【高反差保留】滤镜应用于连续色调的图像将很有帮助。此滤镜对于从扫描图像中取出的艺术线条和大的黑白区域非常有用。

【最小值】和【最大值】：对于修改蒙版非常有用。【最大值】滤镜有应用阻塞的效果，展开白色区域和阻塞黑色区域。【最小值】滤镜有应用伸展的效果，展开黑色区域和收缩白色区域。与【中间值】滤镜一样，【最大值】和【最小值】滤镜都针对选区中的单个像素。在指定半径内，【最大值】和【最小值】滤镜用周围像素的最高或最低亮度值替换当前像素的亮度值。

【位移】：将选区移动指定的水平量或垂直量，而选区的原位置变成空白区域。可以用当前背景色、图像的另一部分填充这块区域；若选区靠近图像边缘，也可以使用所选择的填充内容进行填充。

9.16 液化与消失点滤镜

【液化】滤镜用于将图像的任意区域进行推、拉、折叠、旋转、膨胀等操作，以此来产生扭曲的效果。图9-40所示为使用【液化】滤镜创建的几种图像效果。

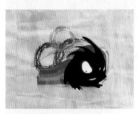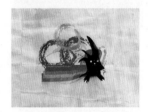

图 9-40

使用【消失点】滤镜可以在编辑包含透视平面（如建筑物的侧面或任何矩形对象）的图像时保留正确的透视。图9-41所示为使用【消失点】滤镜中的【平面工具】和【图章工具】处理图像的结果。

图 9-41

9.17　综合案例——为人物瘦身

学习目标

本案例通过使用滤镜制作特殊的图像效果，引导读者探索更多滤镜对图像效果的影响。

知识要点提示

💧　使用【液化】滤镜改变人物外形。

操作步骤

打开图像

01　打开 Photoshop CC，执行【文件】>【打开】命令，弹出【打开】对话框，单击【查找范围】右侧的下三角按钮，打开"素材 / 第 09 章 / 人物瘦身练习素材"文件，单击【打开】按钮，如图 9-42 所示。

图 9-42

脸型调整

02　在【图层】面板选中【背景】图层，单击鼠标右键，在弹出的快捷菜单中执行【复制图层】命令，如图 9-43 所示，弹出【复制图层】对话框，单击【确定】按钮，创建【背景拷贝】图层，如图 9-44 所示。

03　在【图层】面板中激活【背景拷贝】图层，执行【滤镜】>【液化】命令，弹出【液化滤镜】对话框，如图 9-45 所示。

图 9-43 图 9-44 图 9-45

04 单击对话框左下方的放大按钮 ，将图像进行放大，让右侧的女性图像在窗口区域显示，如图 9-46 所示；选择对话框左侧的【脸部工具】，在女性的脸部区域单击鼠标左键，出现脸部轮廓控制框，如图 9-47 所示。

图 9-46 图 9-47

05 按住鼠标左键向内侧拖曳，将人物的脸部进行调整，效果如图 9-48 所示；调整完成后，再将窗口的显示区域调整到最左侧的男孩区域，使用同样的方法微调男孩的脸型，效果如图 9-49 所示。

图 9-48 图 9-49

体型调整

06 脸型调整完成后，选择对话框左侧的【向前变形工具】 ，在右侧【属性】面板中设置参数，如图 9-50 所示；设置完成后，对右侧女性的肩膀和手臂区域进行瘦身调整，效果如图 9-51 所示。

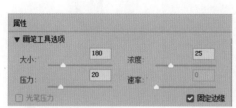

图 9-50　　　　　　　　　　　图 9-51

07 手臂调整完成后，再对女性的腰部区域进行微调，将腰变细，效果如图 9-52 所示。

图 9-52

08 调整完成后，单击【确定】按钮，完成人物的外形调整操作；然后执行【图像】>【调整】>【色阶】命令，在弹出的【色阶】对话框中设置参数，如图 9-53 所示，增大图像的明暗对比度，效果如图 9-54 所示。

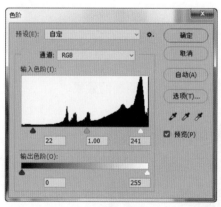

图 9-53　　　　　　　　　　　图 9-54

09 执行【图像】>【调整】>【曲线】命令，在弹出的【曲线】对话框中设置参数，如图 9-55 所示，增大图像的明暗对比度，效果如图 9-56 所示。

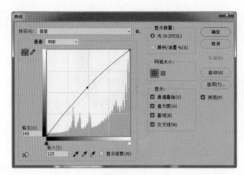
图 9-55

图 9-56

保存文件

10 执行【文件】>【另存为】命令,弹出【另存为】对话框,设置保存路径,文件保存为 JPEG 图像。

① 提示

> 滤镜的使用是照片处理的基本操作技能,本案例通过运用【液化】滤镜,使读者体会滤镜对图像效果的影响,加深对其应用的理解,引导读者探索更多滤镜的应用方法,制作不同效果的图像,体会使用 Photoshop 处理照片的乐趣。

9.18 本章小结

滤镜是 Photoshop 中最具吸引力的功能,主要用来美化图像,通过修改图像中的像素实现各种特殊的画面效果,帮助用户设计出更多更好的作品。

9.19 本章习题

操作题

将如图 9-57 所示的风景照片使用滤镜功能制作出油画的效果。

图 9-57

重点难点提示

> 使用【曲线】命令、【色相/饱和度】命令调整图像。
>
> 使用【高斯模糊】滤镜、【彩块化】滤镜、【纹理化】滤镜制作油画的效果。

第10章

3D功能

　　使用3D功能可以很轻松地将3D模型引入当前操作的Photoshop图像文件中,将二维图像与三维图像有机地结合到一起,使画面更加丰富。

　　Photoshop CC支持多种3D文件格式,可以创建、合并、编辑3D对象的形状和材质等。

本章学习要点

- 🖊 了解3D对象的基本概念
- 🖊 学会使用【对象旋转工具】和【相机旋转工具】
- 🖊 掌握创建3D对象和编辑纹理的方法

10.1 创建 3D 文件

在 Photoshop 中可以使用创建文件命令来直接创建 3D 文件，而不需将要创建的模型在三维软件中制作完成后再导入 Photoshop 中。

10.1.1 从文件新建 3D 图层

在 3D 功能中不能直接创建 3D 图层，执行【3D】>【从文件新建 3D 图层】命令，如图 10-1 所示，若弹出的对话框为灰色，则表示该命令不能被正常使用，同时所有创建命令都不能被正确执行。

执行【3D】>【从文件新建 3D 图层】命令，弹出【打开】对话框，只有在打开 3D 文件后，系统才会把 3D 文件作为图层直接创建。

使用【从文件新建 3D 图层】命令只能导入 3D 格式文件，如 3D Studio（*.3DS）、Collada（*.DAE）、Google Earth 4（*.KMZ）、U3D（*.U3D）、Wavefront|OBJ（*.OBJ）等，其他格式均不支持，如图 10-2 所示。

图 10-1 　　　　　　　　　　　　图 10-2

10.1.2 从图层新建 3D 明信片

新建一个【背景】图层，在【3D】面板中选择【3D 明信片】单选按钮，如图 10-3 所示，单击【3D】面板下方的【创建】按钮可以将原来的普通图层转换成 3D 图层模式；此时【图层】面板的显示选项中增加了【纹理】和【漫射】工具，并且这两个工具已经发生变化，如图 10-4 所示。

图 10-3 　　　　　　　　　　　　图 10-4

10.1.3　从图层新建形状

新建一个【背景】图层，在【3D】面板中选择【从预设创建网格】单选按钮，在其下拉列表中可以选择锥形、立方体、立体环绕等多种图形。图 10-5 所示为创建的部分 3D 对象。

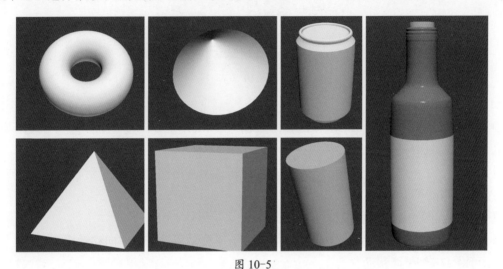

图 10-5

10.1.4　从深度映射创建网格

新建一个【背景】图层，执行【3D】>【从图层新建网格】>【从深度映射创建网格】子菜单中的命令可以创建平面、双面平面、圆柱体、球体 4 种 3D 对象，如图 10-6 所示。

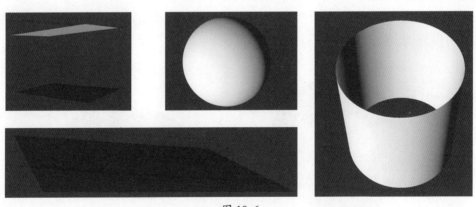

图 10-6

10.2　3D 工具

使用工具箱中的【3D 对象工具】可以完成对 3D 对象的移动、旋转、缩放等操作；使用【3D 相机工具】可以完成对场景视图的移动、旋转、缩放等操作。图 10-7 所示为 3D 工具选项栏中的 3D 对象工具。

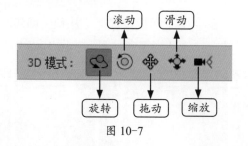

图 10-7

1．3D 对象工具

可以选择工具箱中的【3D 对象工具】来旋转、缩放模型或调整模型位置。当操作 3D 模型时，相机视图保持固定。

【旋转】：上下拖动可将模型围绕其 X 轴旋转；两侧拖动可将模型围绕其 Y 轴旋转。按住【Alt】键拖动可滚动模型。

【滚动】：两侧拖动可使模型绕 Z 轴旋转。

【拖动】：两侧拖动可沿水平方向移动模型；上下拖动可沿垂直方向移动模型。按住【Alt】键拖动可沿 X/Z 轴平面移动。

【滑动】：两侧拖动可沿水平方向移动模型；上下拖动可将模型移近或移远。按住【Alt】键拖动可沿 X/Y 轴平面移动。

【缩放】：上下拖动可将模型放大或缩小。按住【Alt】键拖动可沿 Z 轴缩放。

2．3D 轴

通过 3D 轴也可以完成对 3D 图像的移动、旋转、缩放等操作。

（1）移动。如果要移动 3D 图像，可以将光标放到 3D 轴的锥尖上，然后按住鼠标左键向对应的方向拖动，如图 10-8 所示。

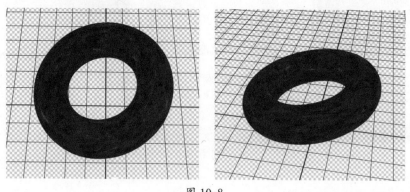

图 10-8

（2）旋转。如果要旋转 3D 对象，可以将光标放到 3D 轴锥尖下面的弯曲线段上，此时会出现一个黄色的圆圈，按住鼠标左键将其拖动到相应的位置，可以完成图像的旋转操作，如图 10-9 所示。

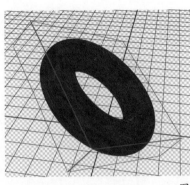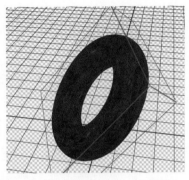

图 10-9

（3）缩放。如果要缩放 3D 图像，可以将光标放到 3D 轴最下端的白色方块上或旋转的弯曲线段下面的方块上。其中，白色方块表示对图像整体缩放；旋转的弯曲线段下面的方块表示根据该坐标轴的方向对图像进行缩放，如图 10-10 和图 10-11 所示。

图 10-10　　　　　　　　　　　　　　　图 10-11

10.3　3D 面板

执行【窗口】>【3D】命令，弹出【3D】面板，在【3D】面板中可以创建 3D 对象。在使用 Photoshop 创建 3D 文件后，在【3D】面板中会出现与创建文件有关的选项，通过这些选项可以了解创建的 3D 文件是由哪些选项组成的，还可以通过这些选项编辑和修改 3D 图像。

在 Photoshop 的【3D】面板中共有场景、网格、材质、光源 4 个模式选项。

在默认情况下，【3D】面板以场景模式显示，即 ▦ 按钮自动处于激活的状态，此时在【3D】面板中将显示选中的 3D 图层中每个 3D 对象的网格、材料、光源等信息。

单击选择【3D】面板中的选项，在【属性】面板中会出现所对应的参数，如图 10-12 所示。

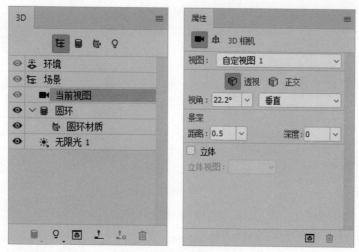

图 10-12

10.3.1 3D 环境

在 Photoshop 的 3D 环境中可以设置 3D 对象的全局环境色、地面阴影颜色、反射颜色、背景颜色等，如图 10-13 所示。

图 10-13

【全局环境色】：设置在反射表面上可见的全局环境光的颜色。该颜色与用于特定材质的环境色产生相互作用。单击【全局环境色】选项后面的颜色块，弹出【拾色器（全局环境色）】对话框，在该对话框中可以设置全局环境光的颜色参数。

【IBL】：为场景启用基于图像的光照，选中该复选框时，场景中的图像能够正常显示。其下方的【颜色】选项用于设置光照颜色，【阴影】选项用于设置为场景启用基于图像光照的阴影。

10.3.2 3D 场景

在 Photoshop 的 3D 场景中可以设置 3D 对象的渲染模式，修改对象的纹理等。图 10-14 所示为【属性】面板中的 3D 场景设置参数。

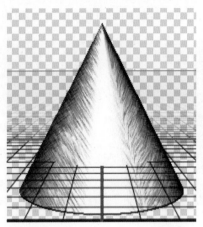

图 10-14

【预设】：指定模型的渲染预设。

【横截面】：选中该复选框创建以所选角度与模型相交的平面横截面。这样可以切入模型内部，查看图像里面的内容。

选中【横截面】复选框，可以将 3D 模型与一个不可见的平面相交，也可以查看该模型的横截面，该平面以任意角度切入模型并仅显示其一个侧面上的内容。图 10-15 所示为取消选中【横截面】复选框和选中【横截面】复选框的效果对比。

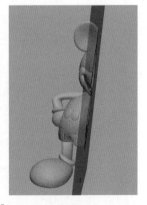

图 10-15

【表面】选项组【样式】：【实色】选项使用 OpenGL 显卡上的 GPU 绘制没有阴影或反射的表面；【未照亮的纹理】选项绘制没有光照的表面，而不仅仅显示选择的【纹理】下拉列表中的选项；【平坦】选项对表面的所有顶点应用相同的表面标准，创建表面外观；【常数】选项使用当前指定的颜色替换纹理；【外框】选项显示反映每个组件最外侧尺寸的对话框；【正常】选项以不同的 RGB 颜色显示表面标准的 X、Y 和 Z 组件；【深度映射】选项显示灰度模式，使用明度显示深度；【绘画蒙版】选项将可绘制的区域以白色显示，过度取样的区域以红色显示，取样不足的区域以蓝色显示。

【纹理】：将【表面】样式设置为【未照亮的纹理】时，指定纹理映射。

【背面】：选中该复选框隐藏双面组件背面的表面。

图 10-16 所示为【表面】选项组【样式】下拉列表中不同选项所实现的图像效果。

　　正常　　　　　　　实色　　　　　　未照亮的纹理　　　　　绘画蒙版

图 10-16

【线条】选项组决定线框线条的显示方式。

【样式】：反映用于以上表面样式的【常数】、【平滑】、【实色】和【外框】选项。

【宽度】：指定宽度（以像素为单位）。

【角度阈值】：调整模型中出现的结构线条数量。当模型中的两个多边形在某个特定角度相接时，会形成一条折痕或线。若边缘以 1°～180° 范围内的某个角度相接，则会移去它们形成的线；若设置为"0°"，则显示整个线框。

图 10-17 所示为选择【线条】选项组【样式】下拉列表中【常数】和【外框】选项所实现的图像效果。

　　　　常数　　　　　　　　　　　　外框

图 10-17

【点】选项组用于调整顶点的外观。

【样式】：反映用于以上表面样式的【常数】、【平滑】、【实色】和【外框】选项。

【半径】：决定每个顶点的像素半径。

图 10-18 所示为选择【点】选项组【样式】下拉列表中【常数】和【外框】选项所能实现的图像效果。

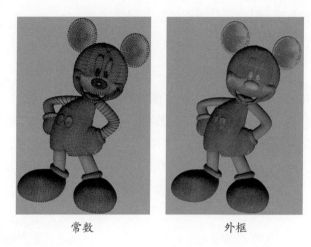

常数　　　　　　　　　　　　　　外框

图 10-18

【渲染】：设置好 3D 场景中对象的渲染方式后，单击【属性】面板右下方的【渲染】按钮⬛可以渲染图像。

10.3.3　3D 网格

3D 模型中的每个网格都出现在【3D】面板顶部的单独线条上。选择【网格】可查看网格设置和【3D】面板底部的信息，包括应用于网格的材质和纹理数量，以及其中所包含的顶点和表面的数量。

在【3D】面板中单击⬛按钮，可以在【属性】面板中显示出当前 3D 对象的网格对象，如图 10-19 所示。

图 10-19

【捕捉阴影】：控制选定网格是否在其表面上显示其他网格所产生的阴影。

如果要在网格上捕捉地面所产生的阴影，可执行【3D】>【地面阴影捕捉器】命令。要将这些阴影与对象对齐，可执行【3D】>【将对象贴紧地面】命令。

【投影】：控制选定网格是否投影到其他网格表面上。

【不可见】：隐藏网格，但显示其表面的所有阴影。

10.3.4 3D 材质

【3D】面板顶部列出了在 3D 文件中使用的材质。可以使用一种或多种材质来创建模型的整体外观。若模型包含多个网格，则每个网格都可能会有与之关联的特定材质；或者模型通过一个网格构建，但在模型的不同区域中使用了不同的材质。

单击【3D】面板顶部的▢按钮，在【属性】面板中会出现当前所需要使用的 3D 材质，如图 10-20 所示。单击右侧的▾按钮，弹出一个选择材质的下拉列表，如图 10-21 所示。

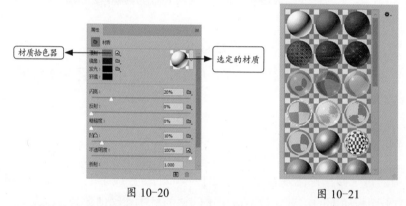

图 10-20　　　　　　　　　　　图 10-21

【漫射】：材质的颜色。漫射映射可以是实色或任意 2D 内容。若选择移去漫射映射，则【漫射】色板值会设置漫射颜色。还可以通过直接在模型上绘画来创建漫射映射。

【不透明度】：增加或减少材质的不透明度（在 0 ~ 100% 范围内）。纹理映射的灰度值控制材质的不透明度。白色值创建完全的不透明度，而黑色值创建完全的透明度。

【凹凸】：在材质表面创建凹凸，无须改变底层网格。凹凸映射是一种灰度图像，其中较亮的值创建突出的表面区域，较暗的值创建平坦的表面区域。可以创建或载入凹凸映射文件，或直接在模型上绘画以自动创建凹凸映射文件。

【正常】：像凹凸映射一样，正常映射会增加表面细节。与基于单通道灰度图像的凹凸映射不同，正常映射基于多通道（如 RGB）图像。每个颜色通道的值代表模型表面上正常映射的 X、Y 和 Z 分量。正常映射可使多边形网格的表面变平滑。

【反射】：增加 3D 场景、环境映射和材质表面上其他对象的反射。

【光泽】：定义来自光源的光线经表面反射折回人眼中的光线数量。在文本框中输入值可调整光泽度。若创建单独的光泽度映射，则映射中的颜色强度控制材质中的光泽度。黑色区域创建完全的光泽度，白色区域移去所有光泽度，而中间区域减少高光大小。

【闪亮】：定义【光泽】所产生反射光的散射。低反光度（高散射）产生更明显的光照，而焦点不足；高反光度（低散射）产生较不明显但更亮、更耀眼的高光。

【环境】：设置在反射表面上可见的环境光的颜色。该颜色与用于整个场景的全局环境色相互作用。

【折射】：在【属性】面板 3D 场景参数中将【品质】设置为【光线跟踪草图】，且已在执行【3D】>【渲染设置】命令弹出的对话框中选中【折射】复选框时，可以设置折射率。当两种折射率不同的介质（如空气和水）相交时，光线方向发生改变，即产生折射。新材质的默认值是 1.0（空气的近似值）。

10.3.5　3D 光源

在 Photoshop 中可以为 3D 对象设置光源，从而使 3D 对象呈现不同的视觉效果，单击【3D】面板中的 💡 按钮，在【属性】面板中会显示当前 3D 对象的光源。图 10-22 所示为一个 3D 对象，图 10-23 所示为其光源的设置参数。

图 10-22　　　　　　　　　　　　　图 10-23

1. 调整光源属性

【预设】：应用存储的光源组和设置组。

【类型】：选择光源。

【强度】：调整亮度。

【颜色】：定义光源的颜色。单击色块可打开拾色器。

【阴影】：从前景表面到背景表面、从单一网格到其自身或从一个网格到另一个网格的投影。选中此复选框可稍微改善性能。

图 10-24 所示为在 3D 图像添加各种光源后所呈现的不同图像效果。

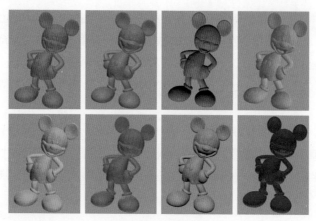

图 10-24

2. 调整光源位置

在 Photoshop 中，每个光源都可以被移动、旋转等，要完成光源位置的调整操作，可以使用下面的工具。

【3D 光源旋转工具】：旋转聚光灯和无限光。

【3D 光源平移工具】：将聚光灯或点光移动到同一个 3D 平面的其他位置上。

【3D 光源滑动工具】：将聚光灯和点光移远或移近。

【位于原点处的点光】：选择某一聚光灯后单击此按钮，可以使光源正对 3D 对象的中心。

【移至当前视图】：选择某一光源后单击此按钮，可以将其置身于当前视图的中间。

3. 添加、替换或存储光源组

要存储光源组以供以后使用，可将这些光源组存储为预设。要包含其他项目中的预设，可以将其添加到现有光源，也可以替换现有光源。

【添加光源】：对于现有光源，添加选择的光源预设。

【替换光源】：用选择的预设替换现有光源。

【存储光源预设】：将当前光源组存储为预设，以后可以重新载入。

10.4　创建和编辑 3D 图像的纹理

在 Photoshop 中，使用【绘画工具】和【调整工具】可以编辑 3D 文件中包含的纹理，或创建新纹理。纹理作为 2D 文件与 3D 模型一起导入。它们会作为条目显示在【图层】面板中，并嵌套于 3D 图层下方，且按散射、凹凸、光泽度等映射类型自动编组。

10.4.1　编辑纹理

双击【图层】面板中的纹理，或在【属性】面板 3D 材质参数中选择包含纹理的材质。在【属性】面板 3D 材质参数中，单击要编辑的纹理图标 🖻，执行【打开纹理】命令，然后使用任意 Photoshop 工具在纹理上绘画或编辑纹理，如图 10-25 所示。激活包含 3D 模型的【图层】面板，可查看应用于模型的已更新纹理。关闭纹理文档并保存更改。

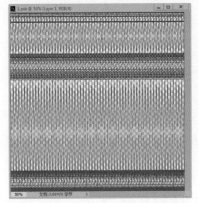

图 10-25

10.4.2 显示或隐藏纹理

显示或隐藏纹理可以帮助识别应用了纹理的模型区域，单击【纹理】图层旁边的"眼睛"图标即可。例如，单击顶层【纹理】图层旁边的"眼睛"图标，隐藏或显示所有纹理的效果对比如图 10-26 所示。

图 10-26

10.5 存储和导出 3D 文件

在 Photoshop 中编辑 3D 对象时，可以进行导出 3D 图层、合并 3D 图层、存储 3D 图层、与 2D 图层合并等操作。

1. 导出 3D 图层

执行【3D】>【导出 3D 图层】命令，可以选择 Collada DAE、Wavefront/OBJ、U3D 或 Google Earth 4 KMZ 等 3D 格式导出 3D 图层。

2. 合并 3D 图层

执行【3D】>【合并 3D 图层】命令，可以合并一个场景中的多个模型，合并后可以单独地编辑每个模型，也可以在多个模型上使用【对象工具】或【相机工具】。

3. 存储 3D 文件

执行【文件】>【存储】命令，可以保存 3D 模型的位置、光源、渲染模式和横截面，保存的文件可以选择 PSD、PSB、TIFF 或 PDF 格式。

4. 合并 3D 与 2D 图层

在 Photoshop CC 的 3D 功能中，可以将 3D 图层与一个或多个 2D 图层合并。在 2D 文件和 3D 文件都打开时，可将 2D 图层或 3D 图层从一个文件拖动到另一个打开的其他文件窗口中。

10.6 综合案例——制作彩色立体文字

学习目的

使用 Photoshop 的 3D 功能创建一组彩色的立体文字。

知识要点提示

- 使用【凸纹】命令创建三维文字效果。
- 使用【栅格化】命令转换图层。
- 合并图层。

操作步骤

01 打开"素材 / 第 10 章 / 圣诞"文件，选择工具箱中的【横排文字工具】，在图像中创建【Merry Christmas】文本图层，设置【字体】为"cooper std"，【字号】为"120 点"，【颜色】为红色，如图 10-27 所示。

图 10-27

02 选择创建的文字图层，单击鼠标右键，在弹出的快捷菜单中执行【栅格化文字】命令，将文字图层转换成普通图层，然后选中该图层，按【Ctrl+T】组合键弹出图像自由变换路径定界框，然后按住【Ctrl】键使用鼠标拖曳左侧的控制点，使文字变形，效果如图 10-28 所示。

图 10-28

03 按住鼠标左键将其拖曳到【创建新图层】按钮上，创建一个复制图层，如图 10-29 所示。

04 将刚才复制的【Merry Christmas 拷贝】图层进行隐藏，再选择【Merry Christmas】图层，执行【3D】>【从所选图层新建 3D 模型】命令，得到一个 3D 图层，如图 10-30 所示。

图 10-29

图 10-30

05 在【图层】面板中选中【Merry Christmas】选项，然后在【属性】面板中单击变形按钮 ，设置【凹凸深度】为"5 厘米"，【锥度】为"95%"，其他参数采用默认设置，得到的图像效果如图 10-31 所示。

图 10-31

06 在【图层】面板中选中【Merry Christmas】选项，单击【Merry Christmas 凸出材质】选项，在【属性】面板中单击【漫射】右侧的按钮，在弹出的快捷菜单中执行【新建纹理】命令，如图 10-32 所示；弹出【新建纹理】对话框，单击【确定】按钮，创建一个文档，如图 10-33 所示。

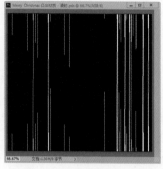

图 10-32   图 10-33

07 单击工作界面右上角的 ▦ 按钮，切换到【基本功能】工作区，选择工具箱中的【渐变工具】，在渐变工具选项栏中设置【渐变类型】为"透明彩虹渐变"，如图 10-34 所示；设置完成后将创建的渐变色填充的文档按【Ctrl+S】组合键进行保存。切换到 3D 功能工作区，在【属性】面板中查看当前视图，效果如图 10-35 所示。

图 10-34   图 10-35

08 单击【图层】面板中的【创建新图层】按钮，创建一个新图层，然后选中创建的图层，将其移动到【Merry Christmas】3D 图层的下方；按住【Ctrl】键单击【Merry Christmas】3D 图层，生成一个选区，如图 10-36 所示。执行【选择】>【修改】>【扩展】命令，在弹出的【扩展选区】对话框中设置参数，如图 10-37 所示。单击【确定】按钮，得到的图像效果如图 10-38 所示。

图 10-36   图 10-37   图 10-38

09 单击工具箱中的【拾色器】按钮，在弹出的【拾色器（前景色）】对话框中设置前景色为"黑色"；完成后，执行【编辑】>【填充】命令，在弹出的【填充】对话框中设置【不透明度】为"80%"，将前景色填充到"图层 1"中，效果如图 10-39 所示。

图 10-39

10 执行【滤镜】>【模糊】>【高斯模糊】命令，在弹出的【高斯模糊】对话框中设置参数，如图 10-40 所示；单击【确定】按钮，得到如图 10-41 所示的效果。

图 10-40

图 10-41

11 选中【图层】面板中的【Merry Christmas 拷贝】图层，单击前面的"眼睛"图标 👁 将其显示，然后按住【Ctrl】键单击【Merry Christmas 拷贝】缩览图，生成一个选区，如图 10-42 所示。

12 选择工具箱中的【渐变工具】，在渐变工具选项栏中设置【渐变类型】为"透明彩虹渐变"，完成后将创建的渐变色填充到文档中，效果如图 10-43 所示。

图 10-42　　　　　　　　　　　　　图 10-43

13 按【Ctrl+S】组合键保存文件，彩色立体文字制作完成。

10.7 本章小结

　　本章主要讲解 Photoshop 的 3D 功能，通过 3D 功能对 3D 软件创建的图像文件做进一步的编辑和修改，同时也能使用 Photoshop 直接创建简单的 3D 模型，并实现 2D 图像与 3D 图像的巧妙结合，创建更加美妙的图像效果。

10.8 本章习题

操作题

使用 Photoshop 制作一张简单的添加 3D 文字效果的明信片。

重点难点提示

　　使用【从图层新建 3D 明信片】命令。

　　使用【凸纹】命令创建三维文字。

第 **11** 章

动作自动化与视频动画

在 Photoshop 中，有时要对一些图像进行相同的处理，如果一一对单个图像进行相同的处理，会花费大量时间，而且可能出现参数差异的错误。使用【动作】面板可以完成图像的快捷批处理操作。

在 Photoshop CC 中还可以完成图像序列文件的处理操作，用来修改视频图像文件及创建动画效果。

本章学习要点

- 了解【动作】面板的相关命令
- 学会使用自动化命令对图像进行批处理
- 掌握动画与视频文件的编辑及应用方法

11.1 动作自动化

动作是指在单个文件或一批文件上执行的一系列任务，如菜单命令、面板选项、工具动作等。例如，可以创建这样一个动作，先更改图像大小，对图像应用效果，然后按照所需格式保存文件。

11.1.1 动作

执行【窗口】>【动作】命令，打开【动作】面板，使用【动作】面板可以记录、播放、编辑和删除各个动作，如图 11-1 所示。【动作】面板还可以存储和载入动作文件。

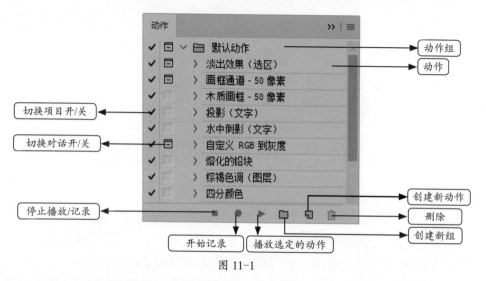

图 11-1

动作包含相应步骤，使用户可以执行无法记录的任务（如使用绘画工具等）。

【动作组】：显示当前动作所在文件夹的名称。

【切换项目开 / 关】：如果在面板的动作左侧有该图标，这个动作就是可执行的；如果没有该图标，就表示该动作组中的所有动作都是不可执行的。

【切换对话开 / 关】：如果在面板的动作左侧有该图标，在执行该动作时就会暂时停在有对话框的位置，在对弹出的对话框参数进行设置后单击【确定】按钮，该动作才继续往下执行；如果没有该图标，动作就按照设定的过程逐步进行操作，直至完成最后一个操作。仔细观察会发现有的图标是红色的，表示该动作中只有部分操作是可执行的。如果单击该图标，它会自动将动作中所有不可执行的操作全部变成可执行的操作。

【停止播放 / 记录】：只有在录制或播放动作的时候才是可用的。

【开始记录】：单击该按钮时开始录制一个新的动作，处于录制状态时，图标呈红色，此时这个按钮是不可用的。

【播放选定的动作】：动作回放或执行动作。当做好一个动作时，可以单击此按钮来观看制作的效果。单击此按钮也会自动执行动作。如果中途要暂停，可以单击【停止播放 / 记录】按钮。

11.1.2 编辑动作

单击【动作】面板右上角的█按钮，会弹出图 11-2 所示的快捷菜单，用于编辑和修改动作命令。

执行【按钮模式】命令可以将【动作】面板的显示方式修改为按钮模式，如图 11-3 所示。

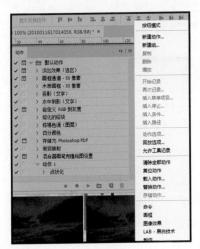

图 11-2

图 11-3

1．新建动作或动作组

【新建动作】：执行该命令将弹出【新建动作】对话框，可根据需要在其中设置动作名称、所在组、功能键等，完成后单击【记录】按钮即可开始记录，如图 11-4 所示。

图 11-4

【新建组】：用于新建动作组，可以在【新建组】对话框中设置动作组的名称，也可以使用默认名称，完成后单击【确定】按钮即可新建一个动作组，如图 11-5 所示。

图 11-5

2. 删除动作或动作组

【删除】：删除当前所选的动作、动作组或操作。图 11-6 所示为删除前面已创建的动作和动作组。

图 11-6

3. 记录、播放与停止动作

【开始记录】：开始记录动作。

【再次记录】：对一些需要进行再次设置的动作重新记录。

【插入菜单项目】：当录制一些命令时会发现所执行的命令并没有被录制下来，这些命令包括绘画和上色工具、工具选项、视图和窗口命令。选择该命令将弹出【插入菜单项目】对话框，然后在【菜单项】中选择所需的命令，如【调整：曲线】命令，单击【确定】按钮即可在动作中添加调整曲线操作，如图 11-7 所示。

图 11-7

【插入停止】：当执行动作播放，如果希望停止，执行不可被记录的操作（如使用绘图工具），或者希望查看当前的工作进度时，选择该命令可以插入停止。图 11-8 所示为在【动作】面板中添加了停止操作。

 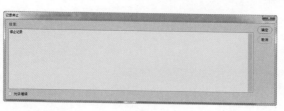 

图 11-8

4. 编辑与存储动作

【插入条件】：插入几种不同条件的动作，以更改动作的操作。

【插入路径】：在动作录制过程中，如果需要绘制路径，可选择该命令。

【动作选项】：对动作的名称、功能键和颜色进行重命名和选取。

【回放选项】：有时在执行一个比较长的动作时会出现不能正常播放的问题，选择该命令可以回放所执行的操作，轻松找出问题所在。也可以根据需要设定回放的速度来检查。

【允许工具记录】：记录动作中的工具，如要记录画笔工具的操作，需选择此命令。

【清除全部动作】：如果不再需要【动作】面板中的所有动作，选择该命令可以清除全部动作。

【复位动作】：将默认组开启到【动作】面板中，或者只显示默认值。

【载入动作】：载入其他动作到【动作】面板中。

【替换动作】：使用载入的动作代替当前面板上的动作。

【存储动作】：将创建的动作存储在一个单独的动作文件中，以便在必要的时候使用它们。

【命令】：显示命令组，在其中选择所需的命令来显示相应的面板和执行相应的命令。

【图像效果】：为图像添加一些效果，这些效果通常是由一系列的操作和滤镜组合而成的。

在【动作】面板上选择要使用的动作，单击【播放选定的动作】按钮，即可将当前选择的动作应用到图像上。若选择的是动作的某一步操作，则作用到图像上的动作是该操作之后的动作。若在按钮模式下单击动作的按钮，即可对图像应用动作。若希望单步播放动作，则先选中该步，按住【Ctrl】键再单击【播放选定的动作】按钮。

11.2　自动化命令

自动化命令主要用于将要处理的任务组合到一个或多个窗口中，以简化复杂的任务，提高工作效率。

1. 批处理

【批处理】命令可以对一个文件夹中的所有文件执行动作。对带有文件输入器的数码相机或扫描仪，也可以用单个动作导入和处理多个图像。扫描仪或数码相机可能会需要有支持动作导入的增效工具模块。

当对文件进行批处理时，可以打开、关闭所有文件并存储对原文件的更改，或将修改后的文件存储到新的位置（原始版本保持不变）。若要将处理过的文件存储到新位置，则建议在开始批处理前先为处理过的文件创建一个新文件夹。

执行【文件】>【自动】>【批处理】命令，弹出【批处理】对话框，如图 11-9 所示。

【播放】：在该选项组的【组】下拉列表中选择要应用的组名称，然后在【动作】下拉列表中选择要应用的动作。

【源】：在【源】下拉列表中选择要处理的文件。选择【文件夹】选项，可对已存储在计算机上的文件播放动作。单击【选择】按钮可以查找并选择文件夹。选择【导入】选项可对来自数码相机或扫描仪的图像执行导入和播放动作。选择【打开的文件】选项，则对所有已打开的文件播放动作。选择【Bridge】选项，可对在 Bridge 中选定的文件播放动作。

图 11-9

【目标】：在【目标】下拉列表中选择处理文件的目标，单击其下的【选择】按钮可以选择目标文件所在的文件夹。

【文件命名】：在【文件命名】选项组中有 6 个下拉列表用于指定目标文件生成的命名规则，也可指定文件名的兼容性，如 Windows、Mac OS 及 UNIX 操作系统。

【错误】：在【错误】下拉列表中可以选择处理错误的选项。【由于错误而停止】选项表示由于错误而停止进程，直至确认错误信息为止。【将错误记录到文件】选项将每个错误记录到文件中而不停止进程，若有错误发生，则记录到文件中，在处理完毕后将出现错误提示信息。如果要查看错误文件，单击其下的【存储为】按钮并在弹出的对话框中命名错误文件。

完成上述设置和操作后，单击【批处理】对话框中的【确定】按钮，即可开始批处理。

2. 快捷批处理

【创建快捷批处理】命令是自动化操作中最常用的命令之一。此命令能够在极短的时间内使用指定的动作处理多个图像文件。将此命令与动作相配合是在 Photoshop 中工作效率最高的组合之一。如果要高频率地对大量图像进行相同的动作处理，应用快捷批处理可以大幅度提高工作效率。快捷批处理可以存储在桌面或磁盘的某个位置上。

执行【文件】>【自动】>【创建快捷批处理】命令，弹出【创建快捷批处理】对话框，如图 11-10 所示。

图 11-10

【组】：定义要执行的动作所在的组。

【动作】：选择要执行动作的名称。

【目标】：在【目标】下拉列表中选择【无】选项，表示对进行批处理后的图像文件不进行任何操作；选择【存储并关闭】选项，将进行批处理后的图像文件保存并关闭，以覆盖原来的文件；选择【文件夹】选项并单击其下的【选择】按钮，可以将进行批处理后的图像文件保存到指定的一个文件夹。

【错误】：在【错误】下拉列表中选择【由于错误而停止】选项，可以指定当动作在执行过程中发生错误时处理错误的方式；选择【将错误记录到文件】选项，会将错误记录到一个文件中并继续进行批处理。

11.3 视频与动画

Photoshop CC 可以编辑视频的图像序列帧文件，使用工具箱中的工具对视频帧进行处理，包括选区、绘画、变换、蒙版、滤镜、图层样式和混合模式等。

11.3.1 视频图层

在 Photoshop 中打开视频图像序列文件时，会自动创建视频文件，如图 11-11 所示。图像帧包含在视频图层中。然后使用工具箱中的工具可以对图像进行编辑，并修改视频图像中的信息。

图 11-11

通过调整混合模式、不透明度、位置和图层样式，可以像使用常规图层一样使用视频图层。也可以在【图层】面板中对视频图层进行编组。调整图层可将色相调整应用于视频图层。

如果想在单独的图层上对帧进行编辑，可以创建空白视频图层。在空白视频图层上可以创建手绘动画。在 Photoshop 中支持图像序列的格式为 BMP、DICOM、JPEG、OpenEXR、PNG、PSD、Targa 和 TIF。

11.3.2 时间轴

动画是在一段时间内显示的一系列图像或帧。每一帧较前一帧都有轻微的变化，当连续、快速地显示这些帧时就会产生运动或其他变化的错觉。

在 Photoshop CC 中，单击【时间轴】面板右上角的 按钮，在弹出的快捷菜单中执行【转换帧】>【转换为帧动画】命令，将【时间轴】面板转换为动画帧显示。在动画帧显示模式下，会显示动画中每个帧的缩览图。使用【时间轴】面板底部的工具可浏览各个帧，设置循环选项，添加和删除帧及预览动画。

【时间轴】面板包含其他用于编辑帧或时间轴持续时间及用于配置面板外观的命令，单击相应按钮可查看可用命令，如图 11-12 所示。

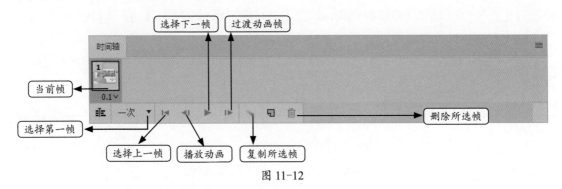

图 11-12

【选择第一帧】：选择序列帧中的第一帧作为当前帧。

【选择上一帧】：选择当前帧的上一帧。

【播放动画】：播放窗口中的动画，再次单击则停止播放动画。

【选择下一帧】：选择当前帧的下一帧。

【过渡动画帧】：在两个关键帧之间添加一个关键帧，使这两个关键帧与新添加的关键帧能够均匀地变化。单击该按钮会弹出【过渡】对话框，可修改过渡动画帧的参数。

【复制所选帧】：复制当前选定的帧。

【删除所选帧】：删除当前选定的帧。

使用【动画】面板有两种模式：帧模式和时间轴模式。时间轴模式显示图层的帧持续时间和动画属性。使用【动画】面板底部的工具可浏览各个帧，放大或缩小时间显示，切换洋葱皮模式，删除关键帧和预览视频。使用时间轴自身的控件可以调整图层的帧持续时间，设置图层属性的关键帧，并将视频的某一部分指定为工作区域。图 11-13 所示为【动画】面板的时间轴模式。

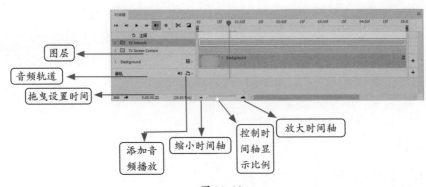

图 11-13

11.3.3　创建和编辑视频图像

1. 创建视频图像

执行【文件】>【新建】命令，在弹出的【新建文档】对话框中，选择预设中的【胶片和视频】选项，然后在【空白文档预设】列表框中选择一个合适大小的文件选项，单击【创建】按钮，可以创建一个空白的视频图像文件，如图 11-14 所示。

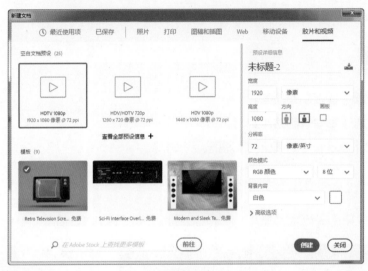

图 11-14

2. 修改像素长宽比

因为在计算机显示器上显示的图像是由正方形的像素组成的，而在视频编码设备中的图像是由非正方形像素组成的，所以在图像转换时会因像素的宽高比不一致导致图像变形。

执行【视图】>【像素长宽比校正】命令，选择一个选项可以修改像素的长宽比。图 11-15 所示为修改前与修改后的图像对比。

图 11-15

3. 渲染视频

执行【文件】>【导出】>【渲染视频】命令，将视频输出为 Quicktime 影片。在 Photoshop 中还可以将时间轴动画与视频图层一起导出。

11.4 综合案例——制作下雨的动画效果

学习目的

给一张风景照片制作下雨的动画效果。

知识要点提示

- ⬧ 使用【动画】面板制作动画。
- ⬧ 使用【动作】命令录制动作。
- ⬧ 【点状化】滤镜和【动感模糊】滤镜。

操作步骤

01 打开"素材 / 第 11 章 / 风景照片 .jpg",然后将图像复制 3 次,如图 11-16 所示。

图 11-16

02 执行【窗口】>【动作】命令,打开【动作】面板,如图 11-17 所示。在【动作】面板中单击【创建新动作】按钮,在弹出的【新建动作】对话框中,设置【名称】为【下雨动画】,如图 11-18 所示;然后单击【记录】按钮,开始记录动作,如图 11-19 所示。

图 11-17   图 11-18   图 11-19

03 选择【背景拷贝】图层，执行【滤镜】>【像素化】>【点状化】命令，在弹出的【点状化】对话框中设置参数，如图 11-20 所示，得到的图像效果如图 11-21 所示，然后单击【停止】按钮。

图 11-20　　　　　　　　　　　图 11-21

04 选择【背景拷贝 2】图层，单击【动作】面板中的【停止播放 / 记录】按钮，再单击【播放选定的动作】按钮，完成对【背景拷贝 2】的编辑，设置图层混合模式为【正片叠底】。

05 选择【背景拷贝】图层，单击【动作】面板中的【停止播放 / 记录】按钮，再单击【播放选定的动作】按钮，完成对【背景拷贝】的编辑，设置图层混合模式为【正片叠底】。

06 选择【背景拷贝 3】图层，执行【滤镜】>【模糊】>【动感模糊】命令，在弹出的【动感模糊】对话框中设置参数，如图 11-22 所示。使用同样的方法编辑【背景拷贝 2】、【背景拷贝】图层，参数如图 11-23 和图 11-24 所示。

图 11-22　　　　　　　　　图 11-23　　　　　　　　　图 11-24

07 设置【背景拷贝】、【背景拷贝 2】、【背景拷贝 3】的图层混合模式为【正片叠底】。然后调整【背景拷贝】、【背景拷贝 2】和【背景拷贝 3】的不透明度分别为"40%"、"55%"和"45%"，得到如图 11-25 所示的效果。

08 执行【窗口】>【时间轴】命令，打开【时间轴】面板。单击【时间轴】面板中右侧的三角按钮，在弹出的快捷菜单中执行【转换帧】>【转换为帧动画】命令，在第一帧中将【背景拷贝 2】和【背景拷贝】隐藏。单击【动画】面板中的【复制所选帧】按钮，复制得到第二帧，将【背景拷贝 3】和【背景拷贝】隐藏。再单击【复制所选帧】按钮，复制得到第三帧，将【背景拷贝 3】和【背景拷贝 2】隐藏，得到三个图像帧，如图 11-26 所示。

图 11-25

图 11-26

09 单击【播放动画】按钮查看动画效果。执行【文件】＞【存储为 Web 和设备所用格式】命令，在【存储为 Web 和设备所用格式】对话框中选择 GIF 格式，保存动画。

11.5　本章小结

本章主要讲解 Photoshop 的动作自动化处理及制作简单动画的功能。通过使用动作自动化功能能够缩短操作时间，提高工作效率；通过视频动画功能可以制作简单的动画。

11.6　本章习题

选择题

（1）在 Photoshop 中，下面对【动作】面板与【历史记录】面板的描述哪些是正确的？（　　）

　　A.【历史记录】面板记录的动作要比【动作】面板多

　　B. 虽然记录的方式不同，但都可以记录对图像所做的操作

　　C. 都可以对文件夹中的所有图像进行批处理

　　D. 在关闭图像后所有记录仍然会保留下来

（2）在【动作】面板中，按哪个键可以选择多个不连续的动作？（　　）

　　A.【Ctrl】键　　　　B.【Alt】键　　　　C.【Shift】键　　　　D.【Ctrl+Shift】组合键

（3）在 Photoshop 中，批处理命令在哪个菜单中？（　　）

　　A. 文件　　　　　　B. 编辑　　　　　　C. 图像　　　　　　D. 视窗

第 **12** 章

综合案例——美食APP页面设计与制作

本案例通过设计制作美食 APP 页面，综合运用 Photoshop 的创建选区工具、形状工具、文字工具等图像编辑命令，以巩固所学的软件知识。

操作步骤

01 执行【文件】>【新建】命令，在弹出的【新建文档】对话框中设置参数，如图 12-1 所示，设置完成后，单击【创建】按钮创建文件。

图 12-1

02 根据前期对 APP 页面内容的规划，将 APP 页面划分成状态栏、搜索位置区、广告区、导航区、商品展示区、功能区六大区域，然后使用参考线对页面进行区域划分。

03 按【Ctrl+R】组合键显示标尺，如图 12-2 所示；然后将光标移动到标尺上单击鼠标右键，在弹出的快捷菜单中选择【像素】命令，将标尺的单位修改为"像素"；修改完成后，执行【视图】>【新建参考线】命令，在弹出的【新建参考线】对话框中设置【取向】为"水平"，【位置】为"40 像素"，单击【确定】按钮，创建参考线完成，如图 12-3 所示。

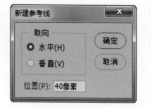

图 12-2   图 12-3

04 重复执行【视图】>【新建参考线】命令，分别在"140 像素"、"440 像素"、"540 像素"、"560 像素"、"900 像素"和"1240 像素"的位置创建 6 条横向参考线，效果如图 12-4 所示。

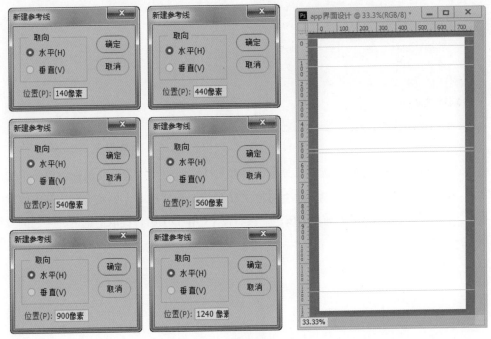

图 12-4

05 单击【图层】面板上的【创建新图层】按钮，创建一个新的图层，命名为"图层 1"，选择工具箱中的【矩形选框工具】，沿着文档的顶部和第 2 条参考线的边缘拖曳鼠标创建一个选区，效果如图 12-5 所示。单击工具箱中的【拾色器】按钮，在弹出的【拾色器（前景色）】对话框中设置参数，如图 12-6 所示，单击【确定】按钮。

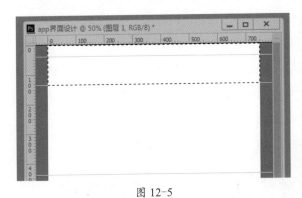

图 12-5

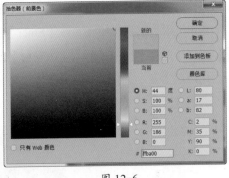

图 12-6

06 执行【编辑】>【填充】命令，在弹出的【填充】对话框中设置【内容】为"前景色"，如图 12-7 所示；单击【确定】按钮，得到的效果如图 12-8 所示。

图 12-7

图 12-8

07 再次选择工具箱中的【矩形选框工具】，沿着文档底部的参考线拖曳鼠标创建一个选区，如图 12-9 所示。然后执行【编辑】>【填充】命令，在弹出的【填充】对话框中设置【内容】为"前景色"，单击【确定】按钮，然后按【Ctrl+D】组合键取消选区，得到的效果如图 12-10 所示。

图 12-9

图 12-10

08 执行【文件】>【打开】命令，在弹出的【打开】对话框中选择"素材 / 第 12 章 / 广告主图 .jpg"文件，单击【打开】按钮；然后按住【Shift】键将图像调整到合适大小，再将图像的上边缘与填充颜色的底端对齐，按【Enter】键确认，效果如图 12-11 所示。

09 选择【图层】面板中的【主图素材】图层，单击鼠标右键，在弹出的快捷菜单中执行【栅格化图层】命令，将智能图层栅格化为普通图层，然后选择工具箱中的【矩形选框工具】，沿着创建的参考线拖曳鼠标创建一个选区，如图 12-12 所示。

图 12-11

图 12-12

10 按【Delete】键，删除选区内的图像，得到的图像效果如图 12-13 所示；按【Ctrl+D】组合键取消选区；单击【图层】面板中的【创建新图层】按钮，创建一个新的图层，命名为"图层 2"；选择工具箱中的【椭圆工具】，在椭圆工具选项栏中设置参数，如图 12-14 所示。

图 12-13

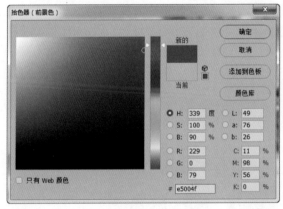

图 12-14

11 设置完成后，在文档中单击鼠标左键，在弹出的【创建椭圆】对话框中设置参数，如图 12-15 所示，单击【确定】按钮，然后将其移动到如图 12-16 所示的位置。

图 12-15

图 12-16

12 使用同样的方法创建 4 个等大的圆形图案，依次设置填充颜色数值，如图 12-17 所示；完成后分别将创建好的圆形图案移动到合适的位置，效果如图 12-18 所示。

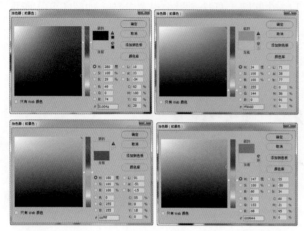

图 12-17　　　　　　　　　　　　　　　　　　图 12-18

13 选择工具箱中的【横排文字工具】，在文字工具选项栏中设置参数，如图 12-19 所示；设置完成后，依次创建"分类"、"热门"、"榜单"、"外卖"和"福利"5 个文本图层，分别移动到对应的位置，效果如图 12-20 所示。

| ⬍T | 汉仪中黑简 ▾ | - ▾ | ᴛT | 9点 ▾ | aa | 浑厚 ▾ | ▤ ▤ ▤ | ■ |

图 12-19

图 12-20

14 执行【文件】>【置入嵌入对象】命令，在弹出的【置入嵌入对象】对话框中依次置入"素材 / 第 12 章 / 手机图标"文件夹中的素材，包括"分类"、"热门"、"榜单"、"外卖"和"福利"；然后选择工具箱中的【移动工具】，将素材移动到与图像中文字所对应的位置，效果如图 12-21 所示。

15 执行【文件】>【置入嵌入对象】命令，在弹出的【置入嵌入对象】对话框中置入"素材 /

第 12 章 / 手机图标"文件夹中的素材"定位",然后使用【移动工具】将其移动到如图 12-22 所示的位置。

图 12-21   图 12-22

16 选择工具箱中的【横排文字工具】,在文字工具选项栏中设置【字体】为"汉仪中黑简体",【字号】为"14 点",【颜色】为"黑色";设置完成后,在文档中单击鼠标左键创建一个文本"北京",然后使用【移动工具】将其移动到如图 12-23 所示的位置。

17 选择工具箱中的【圆角矩形工具】,在圆角矩形工具选项栏中设置参数,如图 12-24 所示;设置完成后,按住鼠标左键在文档中拖曳创建一个圆角矩形,效果如图 12-25 所示。

图 12-23

图 12-24   图 12-25

18 执行【文件】>【置入嵌入对象】命令，在弹出的【置入嵌入对象】对话框中置入"素材 /
第 12 章 / 手机图标"文件夹中的素材"扫一扫"；置入后，按住【Shift】键将置入的图像
调整到合适的大小，然后使用【移动工具】移动到如图 12-26 所示的位置。

19 选择工具箱中的【矩形选框工具】，沿着创建的参考线拖曳鼠标创建一个选区，如图 12-27
所示。

20 在【图层】面板中选择【图层 1】图层，然后单击工具箱中的【拾色器】按钮，在弹出的【拾
色器（前景色）】对话框中设置一个浅灰色的前景色，如图 12-28 所示，单击【确定】按钮；
然后执行【编辑】>【填充】命令，在弹出的【填充】对话框中设置【内容】为"前景色"，
单击【确定】按钮；按【Ctrl+D】组合键取消选区，得到的效果如图 12-29 所示。

图 12-26

图 12-27

图 12-28

图 12-29

21 执行【文件】>【置入嵌入对象】命令，在弹出的【置入嵌入对象】对话框中依次置入"素
材 / 第 12 章 / 手机图标"文件夹中的素材"首页"、"发现"、"订单"和"我"，然后按【Ctrl+T】
组合键分别调整图像大小；调整完成后，选择工具箱中的【移动工具】将其移动到文档底部
所对应的位置，效果如图 12-30 所示。

22 选择工具箱中的【横排文字工具】，在文字工具选项栏中设置【字体】为"汉仪中黑简体"，【字号】

为"9点",【颜色】为"黑色";设置完成后,在文档中单击鼠标左键依次创建文本"首页"、"发现"、"订单"和"我";创建完成后,使用【移动 工具】将其移动到如图 12-31 所示的位置。

图 12-30　　　　　　　　　　　　　　　图 12-31

23 执行【文件】>【置入嵌入对象】命令,在弹出的【置入嵌入对象】对话框中依次置入素材"美食图像(1)"、"美食图像(2)"、"美食图像(3)"和"美食图像(4)";置入后,按住【Shift】键将置入的图像调整到合适的大小,然后使用【移动工具】将其移动到如图 12-32 所示的位置。

24 执行【文件】>【置入嵌入对象】命令,在弹出的【置入嵌入对象】对话框中依次置入素材"今日美食推荐";置入后,按住【Shift】键将置入的图像调整到合适的大小,然后使用【移动工具】将其移动到如图 12-33 所示的位置。

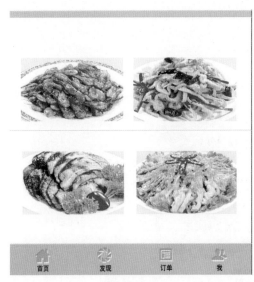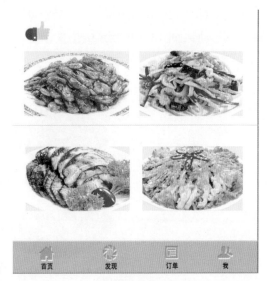

图 12-32　　　　　　　　　　　　　　　图 12-33

25 选择工具箱中的【横排文字工具】,在文字工具选项栏中设置【字体】为"汉仪中黑简体",【字号】为"16点",【颜色】为"黑色";设置完成后,在文档中单击鼠标左键创建一个文本"今日美食推荐",使用【移动工具】将其移动到如图 12-34 所示的位置。

26 再次使用【横排文字工具】,在文字工具选项栏中设置【字体】为"汉仪中黑简体",【字号】为"10点",【颜色】为"黑色";设置完成后,在文档中单击鼠标左键依次创建 4 个文本,分别为"油爆小河虾"、"凉拌肚丝"、"秘制牛肉"和"酸辣羊肚",完成后使用【移动工具】将其移动到如图 12-35 所示的位置。

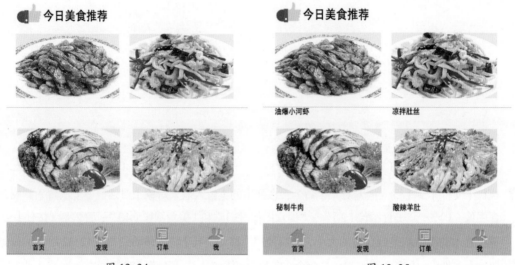

图 12-34   图 12-35

27 选择工具箱中的【横排文字工具】,在文字工具选项栏中设置【字体】为"Adobe 黑体 Std",【字号】为"10 点",【颜色】为"黑色";设置完成后,在文档中单击鼠标左键依次创建 4 个文本,分别为"¥36.00"、"¥39.00"、"¥36.00"和"¥42.00",然后使用【移动工具】将其移动到如图 12-36 所示的位置。

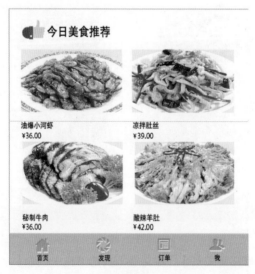

图 12-36

28 执行【文件】>【置入嵌入对象】命令,在弹出的【置入嵌入对象】对话框中置入素材"星标";置入后,按住【Shift】键将置入的图像调整到合适的大小,然后使用【移动工具】将其移动到如图 12-37 所示的位置。

图 12-37

29 将选择调整好的"星标"素材，在文档中复制 3 份，使用【移动工具】将其移动到与美食图像所对应的位置，如图 12-38 所示。

30 再次选择【横排文字工具】，在文字工具选项栏中设置【字体】为"汉仪中黑简体"，【字号】为"10 点"，【颜色】为"黑色"；设置完成后，在文档中单击鼠标左键依次创建 4 个文本，分别为"已售 226"、"已售 167"、"已售 138"和"已售 126"，然后使用【移动工具】将其移动到如图 12-39 所示的位置。

图 12-38

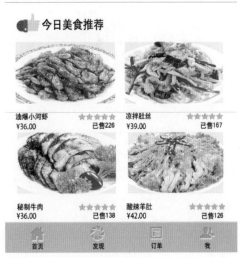

图 12-39

31 按【Ctrl+S】组合键保存文件，美食 APP 页面效果图制作完成，最终效果图如图 12-40 所示。

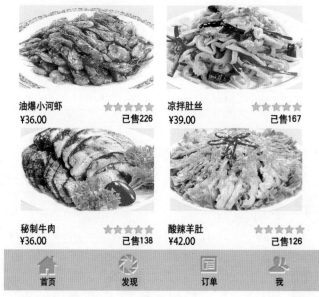

图 12-40